Josipa Bicanic

Effizientere Notfallhilfe für Sehbehinderte durch KI-Smartphone-Apps

Josipa Bicanic

Effizientere Notfallhilfe für Sehbehinderte durch KI-Smartphone-Apps

Einsatz künstlicher Intelligenz zur barrierefreien Gestaltung von Rettungswegen für Sehbehinderte

Lehrbuchverlag

Cover image: www.ingimage.com

Publisher:
Der Lehrbuchverlag
is a trademark of
Dodo Books Indian Ocean Ltd. and OmniScriptum S.R.L publishing group

120 High Road, East Finchley, London, N2 9ED, United Kingdom
Str. Armeneasca 28/1, office 1, Chisinau MD-2012, Republic of Moldova, Europe
Managing Directors: Ieva Konstantinova, Victoria Ursu
info@omniscriptum.com

Printed at: see last page
ISBN: 978-613-9-75267-6

DANKSAGUNG

An dieser Stelle möchte ich meinem Ehemann Igor und meinem Sohn Gabriel meinen herzlichsten und größten Dank aussprechen. Ihre unerschütterliche Unterstützung, ihre Motivation, ihr Verständnis und ihre Geduld waren für mich in dieser intensiven Phase von unschätzbarem Wert. Die Liebe und der Glaube, den sie mir entgegenbrachten, fungierten als eine wesentliche Kraftquelle, die es mir ermöglichte, diese Herausforderung zu meistern. Ich danke Ihnen von Herzen, dass Sie mir stets zur Seite standen.

Des Weiteren möchte ich meiner Betreuerin, Frau Monika Oswald, meinen tief empfundenen Dank aussprechen. Die zahlreichen wertvollen Tipps, Ratschläge und Antworten, die Sie mir gab, waren für mich von großem Nutzen und haben maßgeblich dazu beigetragen, dass ich diese Master-Thesis erfolgreich verfassen konnte. Ihre Geduld, Ihr Fachwissen und Ihre jederzeitige Bereitschaft zur Unterstützung haben mir in Momenten der Unsicherheit geholfen und mich stets ermutigt. Die Stärkung meiner Motivation und meines Durchhaltevermögens ist ebenfalls dem Einfluss der zuvor genannten Faktoren zuzuschreiben.

Vielen Dank auch an Alle, die ich hier nicht explizit genannt habe.

Zum Abschluss möchte ich mit einem Zitat schließen, das mich während meiner Forschung inspiriert hat:

„Die reinste Form des Wahnsinns ist es, alles beim Alten zu lassen und gleichzeitig zu hoffen, dass sich etwas ändert."
[Albert Einstein]

KURZBESCHREIBUNG

Die vorliegende Master-Thesis befasst sich mit der Frage, wie KI-gesteuerte Smartphone-Apps die Effizienz von Flucht- und Rettungsplänen für sehbehinderte Menschen in Notfallsituationen verbessern können. Der Schwerpunkt liegt auf der Analyse der speziellen Herausforderungen, denen sehbehinderte Menschen gegenüberstehen, wenn sie in Notsituationen visuelle Informationen herkömmlicher Fluchtpläne nicht nutzen können. Die Arbeit untersucht, wie moderne Technologien wie künstliche Intelligenz, maschinelles Lernen, akustische und haptische Signale helfen können, diesen Menschen in Echtzeit sichere und barrierefreie Fluchtwege bereitzustellen. Besonderes Augenmerk gilt dabei der Übertragbarkeit und Anwendbarkeit dieser technologischen Ansätze im spezifischen Rahmen deutscher Notfall- und Barrierefreiheitsstandards. Die potenzielle KI- gesteuerte App könnte durch die Integration barrierefreier Funktionen wie Sprachbefehle, haptisches Feedback und visuelle Hinweise unterstützen. Besonders wichtig wäre dabei eine nutzerfreundliche Gestaltung, die auch Menschen mit eingeschränktem Sehvermögen gerecht wird. Im Rahmen der Master-Thesis wird eine umfassende Literaturanalyse durchgeführt, um den aktuellen Stand der Forschung und Technologie im Bereich der barrierefreien Notfallplanung zu beleuchten. Ergänzend dazu werden Expert*innen Interviews aus den Bereichen Notfallmanagement, Barrierefreiheit, Sicherheitsmanagement und Technisches Facility Management durchgeführt, um praxisnahe Einsichten zu gewinnen. Die gewonnenen Erkenntnisse sollen dazu beitragen, neue Empfehlungen für die Entwicklung von KI-gesteuerten Apps zu erarbeiten, die sehbehinderten Menschen nicht nur in Notfallsituationen helfen, sondern auch ihre Unabhängigkeit und Sicherheit fördern. Ein weiteres Ziel der Arbeit ist es, Best-Practice-Lösungen zu identifizieren, die spezifische Herausforderungen wie Barrierefreiheit, Echtzeitnavigation und sich ändernde Fluchtbedingungen bewältigen können. Die Forschungsergebnisse könnten einen wichtigen Beitrag zur Weiterentwicklung von Evakuierungsplänen leisten, um sicherzustellen, dass auch sehbehinderte Menschen im Notfall auf effektive Weise unterstützt werden.

Schlagworte: Künstliche Intelligenz (KI), Flucht- und Rettungspläne, Sehbehinderte Menschen, Notfallsituationen, Barrierefreiheit, Echtzeitnavigation, Smartphone-Apps, Maschinelles Lernen, Akustische Signale, Haptisches Feedback, Nutzerfreundlichkeit, Sprachbefehle, Technologie für Menschen mit

Behinderungen, Notfallmanagement, Assistive Technologien, Best-Practice-Lösungen, Selbstbestimmung, Sicherheit in Notfällen.

Abstract

The present master's thesis explores how AI-powered smartphone apps can enhance the efficiency of evacuation and rescue plans for visually impaired individuals in emergency situations. The focus is on analyzing the specific challenges faced by visually impaired individuals when they cannot rely on visual information from conventional evacuation plans in emergencies. The study examines how modern technologies such as artificial intelligence, machine learning, acoustic and haptic signals can assist these individuals in real-time by providing safe and accessible escape routes. Particular attention is given to the transferability and applicability of these technological approaches within the specific framework of German emergency and accessibility standards.The potential AI-powered app could support users by integrating accessible features such as voice commands, haptic feedback, and visual cues. A key emphasis would be placed on a user-friendly design that caters to individuals with visual impairments. As part of the master's thesis, a comprehensive literature review is conducted to examine the current state of research and technology in the field of accessible emergency planning. Additionally, expert interviews are conducted with professionals in the fields of emergency management, accessibility, security management, and technical facility management to gain practical insights. The findings aim to contribute to the development of new recommendations for AI-powered apps that not only assist visually impaired individuals in emergencies but also enhance their independence and safety. Another goal of the study is to identify best-practice solutions that can address specific challenges such as accessibility, real-time navigation, and changing evacuation conditions. The research findings could make an important contribution to the further development of evacuation plans to ensure that visually impaired people are effectively supported in emergencies

Keywords: Artificial intelligence (AI), escape and rescue plans, visually impaired people, emergency situations, accessibility, real-time navigation, smartphone apps, machine learning, acoustic signals, haptic feedback, user-friendliness, voice commands, technology for people with disabilities, emergency management, assistive technologies, best-practice solutions, self-determination, safety in emergencies.

INHALTSVERZEICHNIS

1. EINLEITUNG 1

1.1. ZIELSETZUNG DER MASTER - THESIS 1

1.2. FORSCHUNGSFRAGE 1

1.3. AUFBAU DER MASTER-THESIS 2

1.4. PROBLEMSTELLUNG 5

2. THEORETISCHER TEIL 6

2.1. NOTFALLSITUATIONEN 6

2.1.1. Notfall - Begriff und Bedeutung 6

2.1.2. Typische Notfälle bei der Gebäudeevakuierungen 7

2.1.3. Feuerwehr und Einsätze 7

2.1.4. Rettungswege 7

2.1.5. Sicherheitsbeleuchtung und -zeichen 8

2.1.6. Flucht- und Rettungspläne 9

2.1.7. Notfallmanagement im DLR 14

2.2. SEHBEHINDERUNG UND BLINDHEIT 15

2.2.1. Definition von Sehbehinderung und Blindheit 15

2.2.2. Statistische Erhebung zur Sehbehinderung und Blindheit in DE 17

2.3. BARRIEREFREIE EVAKUIERUNGSKONZEPTE 19

2.3.1. Einführung in die Barrierefreiheit nach DIN 18040 19

2.3.2. Herausforderungen und gesetzliche Lücken 21

2.3.3. Maßnahmen für eine barrierefreie Evakuierung 22

2.3.4. Spezifische Herausforderungen bei der Evakuierung 22

2.3.5. Optimierung der Evakuierungsmethoden 22

2.3.6. Anlagentechnische Anpassungen 23

2.3.7. Organisatorische Maßnahmen 23

2.3.8. Potenzielle technische Innovationen für barrierefreie Evakuierung 23

2.4. BARRIEREFREIE NAVIGATION 24

2.4.1. Unterstützende Technologien 24

2.4.2. Smartphone - Apps 31

2.4.3. KI - Systeme und maschinelles Lernen 42
2.4.4. Echtzeit - Datenverarbeitung durch Einsatz von 5G- und 6G - Technologie 45
2.5. ERKENNTNISSE DER LITERATURRECHERCHE UND THEORETISCHE SCHLUSSFOLGERUNGEN 46
3. EMPIRISCHER TEIL 49
3.1. FORSCHUNGSMETHODE 49
3.2. ABLAUF UND DATENERHEBUNG DER UNTERSUCHUNG 51
3.3. INTERVIEWPARTNER*INNEN 53
3.4. ERSTELLUNG DES LEITFADENINTERVIEWS 53
3.5. INTERVIEWDURCHFÜHRUNG UND -AUFZEICHNUNG 56
3.6. AUSWERTUNG DER INTERVIEWS 57
3.7. ERGEBNISSE DER INTERVIEWS 59
3.8. DISKUSSION DER ERGEBNISSE 67
4. CONCLUSIO 70
4.1. GEWONNENE ERKENNTNISSE 70
4.2. FAZIT 72
4.3. KRITIK UND AUSBLICK 73
5. LITERATURVERZEICHNIS 75
6. HILFSMITTEL 87
7. ANHANG 88
ANHANG I: DATENSCHUTZERKLÄRUNG 88
ANHANG II: VOLLSTÄNDIGE INTERVIEWERGEBNISSE 89
ANHANG III: PARAPHRASIERTE EXPERT*INNEN-INTERVIEWS 132

ABBILDUNGSVERZEICHNIS

ABBILDUNG 1: GRAPHISCHES UNTERSUCHUNGSDESIGN UND GEPLANTES VORGEHEN 4

ABBILDUNG 2: SICHERHEITSZEICHEN 8

ABBILDUNG 4: FLUCHT -UND RETTUNGSPLAN GEMÄß DIN ISO 23601 14

ABBILDUNG 5: ZUSAMMENHÄNGE DER BEGRIFFE SEHBEEINTRÄCHTIGUNG, BLINDHEIT UND BEHINDERUNG 16

ABBILDUNG 6: SOZIALRECHTLICHE-MEDIZINISCHE KLASSIFIKATION VON SEHSCHÄDIGUNG IM VERGLEICH 17

ABBILDUNG 7: LEUCHTDICHTEKONTRASTE: K > 0,70 UND K > 0,40 20

ABBILDUNG 8: BLINDSQUARE 32

ABBILDUNG 9: SEEING AL 33

ABBILDUNG 10: BE MY EYES 34

ABBILDUNG 11: ARIADNE GPS 35

ABBILDUNG 12: LAZARILLO APP 36

ABBILDUNG 13: GOOGLE LOOKOUT 38

ABBILDUNG 14: VOICE DREAM READER 39

ABBILDUNG 15: SEEING ASSISTANT HOME 40

ABBILDUNG 16: GRUNDSTRUKTUR EINES KI-SYSTEMS 43

ABBILDUNG 17: ABLAUF DER SPSS-METHODE 51

ABBILDUNG 18: ABLAUF EMPIRISCHE FORSCHUNGSMETHODE 52

TABELLENVERZEICHNIS

TABELLE 1: VORSTELLUNG DER EXPERT*INNEN 53

TABELLE 2: KATEGORIENSYSTEM 59

TABELLE 3: HERAUSFORDERUNGEN FÜR SEHBEHINDERTE MENSCHEN IN NOTFALLSITUATIONEN 60

TABELLE 4: TECHNOLOGISCHE LÖSUNGEN ZUR VERBESSERUNG VON RETTUNGSPLÄNEN 61

TABELLE 5: ROLLE VON SMARTPHONE-APPS IN NOTFALLSITUATION 62

TABELLE 6: SENSORISCHE MODALITÄTEN ZUR NAVIGATION 63

TABELLE 7: ASPEKT DER ECHTZEIT-REAKTION 64

TABELLE 8: ASPEKT DER BARRIEREFREIEN KI- GESTÜTZTEN APPS 65

TABELLE 9: BEST PRACTICES & EXISTIERENDE LÖSUNGEN 66

ABKÜRZUNGSVERZEICHNIS

5G	Fünfte Mobilfunkgeneration
6G	Sechste Mobilfunkgeneration
AI	Künstliche Intelligenz (KI)
BGG	Behindertengleichstellungsgesetz
CAD	Rechnerunterstütztes Konstruieren
CNN	Faltungsneuronales Netzwerk
DBSV	Deutscher Blinden- und Sehbehindertenverband e.V.
DIN	Deutsches Institut für Normung
DLR	Deutsches Zentrum für Luft- und Raumfahrt
GUI	Grafische Benutzeroberfläche
IoT	Internet der Dinge
ISO	Internationale Organisation für Normung
KI	Künstliche Intelligenz
LSTM	Langzeit- Kurzzeitgedächtnis Netzwerk
ML	Maschinelles Lernen
NVDA	Bildschirmleseprogramm „Non-Visual Desktop Access“
POI	Sehenswürdigkeiten
RNN	Rekurrentes Neuronales Netzwerk
SLM	Statistische Sprachmodellierung
TTS	Text-zu-Sprache
WHO	Weltgesundheitsorganisation

GLOSSAR

Assistenzsystem für Sehbehinderte

Ein KI-gesteuertes System, das sehbehinderten Menschen hilft, sich zu orientieren und sicher zu navigieren, indem es visuelle Informationen erkennt und in sprachliche oder haptische Anweisungen umwandelt.

Auditive Signale

Informationen, die durch den Hörsinn wahrgenommen werden, wie z.B. Warnsignale oder Sprachnavigation.

Barrierefreiheit

Die Gestaltung von Umgebungen, Produkten und Dienstleistungen, die es allen Menschen, insbesondere Menschen mit Behinderungen, ermöglicht, diese unabhängig und ohne besondere Erschwernis zu nutzen.

Braille-Schrift

Ein taktiles Schriftsystem, das aus erhabenen Punkten besteht und von blinden oder sehbehinderten Menschen gelesen werden kann, indem sie die Punkte mit den Fingern ertasten.

Computer Aided Design (CAD)

Eine Technologie zur Erstellung präziser Zeichnungen und Modelle von Objekten und Strukturen mithilfe von Computersoftware.

Convolutional Neural Network (CNN)

Ein spezialisiertes künstliches neuronales Netzwerk, das insbesondere für die Bild- und Objekterkennung verwendet wird.

Echtzeit-Datenverarbeitung

Verarbeitung von Daten unmittelbar nach ihrem Empfang, was schnelle Entscheidungen in Notfallsituationen ermöglicht.

Feedforward-Netzwerk

Ein künstliches neuronales Netzwerk, das zur Mustererkennung eingesetzt wird. Es besteht aus einer Schicht von Knoten, die in eine Richtung vorwärts zu den nächsten Schichten verbunden sind.

Flucht- und Rettungsplan

Eine visuelle Darstellung von Fluchtwegen und Sicherheitsanweisungen, die Personen in einem Gebäude im Falle eines Notfalls zur Verfügung gestellt werden.

Haptische Signale

Signale, die durch Berührungen oder Druck wahrgenommen werden. Sie können zur Navigation und Orientierung für blinde und sehbehinderte Menschen genutzt werden.

Künstliche Intelligenz (KI)

Ein Bereich der Informatik, der sich mit der Schaffung von Systemen befasst, die Aufgaben ausführen, die normalerweise menschliche Intelligenz erfordern, wie z.B. das Erkennen von Mustern oder das Treffen von Entscheidungen.

Long Short-Term Memory (LSTM)

Eine spezielle Architektur von rekurrenten neuronalen Netzwerken, die entwickelt wurde, um komplexe, zeitabhängige Daten zu verarbeiten.

Maschinelles Lernen (ML)

Ein Teilbereich der KI, der sich mit der Entwicklung von Algorithmen befasst, die es Computern ermöglichen, aus Daten zu lernen und Entscheidungen zu treffen.

Screenreader

Ein Programm, das den Text auf einem Bildschirm in eine synthetische Stimme umwandelt, um Menschen mit Sehbehinderungen den Zugang zu Informationen zu ermöglichen.

Sehbehinderung

Ein Zustand, bei dem das Sehvermögen einer Person erheblich eingeschränkt ist, was ihre Fähigkeit, visuelle Informationen zu verarbeiten, stark beeinträchtigt.

Text-to-Speech (TTS)

Eine Technologie, die Textdaten in gesprochene Sprache umwandelt, um sehbehinderten Menschen den Zugang zu schriftlichen Inhalten zu ermöglichen.

5G

Die fünfte Generation der Mobilfunktechnologie, die höhere Datenraten und geringere Latenzzeiten bietet.

6G

Die zukünftige Generation von Mobilfunknetzen, die voraussichtlich höhere Geschwindigkeiten und tiefere Integration von KI bieten wird.

1. EINLEITUNG

Die vorliegende Master-Thesis befasst sich mit der Fragestellung, inwiefern KI-gesteuerte Smartphone-Apps die Effizienz von Flucht- und Rettungsplänen für sehbehinderte Menschen in Notfallsituationen verbessern können. Der Schwerpunkt liegt auf der Integration moderner Technologien wie künstlicher Intelligenz, maschinellem Lernen sowie akustischen und haptischen Signalen mit dem Ziel, barrierefreie Fluchtwege in Echtzeit bereitzustellen. Im Rahmen der Untersuchung werden sowohl bestehende Technologien als auch die spezifischen Bedürfnisse der betroffenen Zielgruppe analysiert. Auf Grundlage dieser Analyse werden Empfehlungen für die Entwicklung nutzerfreundlicher Lösungen erarbeitet, die die Sicherheit und Selbstständigkeit sehbehinderter Menschen in kritischen Situationen signifikant steigern.

1.1. ZIELSETZUNG DER MASTER - THESIS

Ziel dieser Master-Thesis ist es, zu untersuchen, wie KI-gesteuerte Smartphone-Apps die Effizienz von Flucht- und Rettungsplänen in Notfallsituationen für sehbehinderte Menschen potenziell verbessern können. Durch die Analyse bestehender Technologien, die Ermittlung der spezifischen Bedürfnisse der Zielgruppe und die Beschreibung möglicher Anwendungsszenarien soll eine Lösung entwickelt werden, die eine autonome und sichere Evakuierung sehbehinderter Menschen in Notfallsituationen ermöglicht.

1.2. FORSCHUNGSFRAGE

In Notfallsituationen wie Bränden oder Evakuierungen sind sehbehinderte Personen in besonderem Maße auf alternative, nicht-visuelle Informationsquellen angewiesen, da herkömmliche visuelle Flucht- und Rettungspläne für sie nur eingeschränkt oder gar nicht zugänglich sind. Diese Einschränkung stellt eine erhebliche Gefährdung ihrer Sicherheit sowie eine Beeinträchtigung ihrer Autonomie und Teilhabe dar. Technologische Fortschritte im Bereich der künstlichen Intelligenz (KI) und des maschinellen Lernens bieten vielversprechende Ansätze zur Entwicklung barrierefreier Assistenzsysteme für den Notfalleinsatz. Allerdings besteht derzeit eine deutliche Forschungslücke im Hinblick auf speziell entwickelte, adaptive Lösungen, die in Echtzeit auf die individuellen Bedürfnisse sehbehinderter Menschen reagieren können. Diese Forschungslücke stellt ein zentrales Hindernis für die Entwicklung und Umsetzung inklusiver Notfallinfrastrukturen dar, die den Anforderungen universeller Zugänglichkeit entsprechen sollen.

Ein möglicher Ansatz zur Schließung dieser Lücke liegt im Einsatz KI-gestützter Smartphone-Anwendungen, die sehbehinderten Personen in Echtzeit akustische und haptische Hinweise zu sicheren Fluchtwegen bieten. Solche Anwendungen könnten dazu beitragen, Evakuierungsmaßnahmen für diese Personengruppe deutlich sicherer und effizienter zu gestalten. Daraus leiten sich die folgende Forschungsfrage sowie entsprechende Hilfsfragen ab:

Forschungsfrage:

„Wie können KI-gesteuerte Smartphone-Apps die Effizienz von Flucht- und Rettungsplänen für sehbehinderte Menschen in Notfallsituationen verbessern?"

Hilfsfragen:

1. Welche spezifischen Herausforderungen erleben sehbehinderte Menschen in Notfallsituationen hinsichtlich der Orientierung?
2. Welche Technologien der künstlichen Intelligenz eignen sich zur Entwicklung barrierefreier Assistenzsysteme für Notfälle?
3. Wie können akustische und haptische Signale gestaltet werden, um eine effektive, intuitive Navigation für sehbehinderte Personen in Echtzeitszenarien zu ermöglichen?
4. Welche Rolle spielt die Echtzeit-Datenverarbeitung bei der Anpassung der Fluchtwege an sich ändernde Situationen?

1.3. Aufbau der Master-Thesis

Als ersten Schritt wird eine umfassende Literaturanalyse durchgeführt, um die zentralen Inhalte zusammenzutragen, die zur Beantwortung der Forschungsfragen notwendig sind. Diese Analyse beleuchtet die Potenziale, Herausforderungen und Grenzen, die mit der Verbesserung der Effizienz von Flucht- und Rettungsplänen für sehbehinderte Menschen in Notfallsituationen durch den Einsatz von KI-gesteuerten Smartphone-Apps verbunden sind. Die Literaturanalyse wird die Grundlage für die weiteren Untersuchungen bilden und entscheidende theoretische Einsichten liefern, die in den späteren empirischen Teil der Arbeit einfließen.

Im zweiten Schritt erfolgt eine qualitative Befragung durch Leitfadeninterviews mit Expert*innen aus diversen Branchen und relevanten Fachgebieten (vgl. Braunecker, 2016, S. 28). Diese Expert*innen werden nach bestimmten Kriterien sorgfältig ausgewählt, um eine breite und facettenreiche Perspektive auf das Forschungsthema zu gewährleisten. Die Auswahl der Expert*innen erfolgt gezielt anhand ihrer fachlichen Hintergründe und praktischen Erfahrungen in relevanten Themenfeldern. Berücksichtigt werden dabei insbesondere Fachpersonen aus den Bereichen Notfallmanagement, Barrierefreiheit, Sicherheitsmanagement und Technisches Facility Management. Einbezogen werden zudem Vertreter*innen von Organisationen für Menschen mit Behinderungen, die über spezifisches Wissen hinsichtlich der Bedürfnisse sehbehinderter Personen in Notfallsituationen verfügen. Ergänzend sollen auch Fachkräfte befragt werden, die unmittelbar an der Planung und Umsetzung von Evakuierungs- und Rettungssystemen beteiligt sind und somit praxisnahe Einblicke in bestehende Strukturen und Herausforderungen liefern können. Insgesamt sollen neun Expert*innen befragt werden, um ein ausgewogenes und repräsentatives Meinungsbild zu erhalten.

Die Ergebnisse der Expert*innen Interviews werden mittels qualitativer Inhaltsanalyse nach Mayring (vgl. Mayring, 2015, S. 11) ausgewertet, um zentrale Erkenntnisse zu extrahieren und mögliche Best-Practice-Lösungen sowie Zukunftsperspektiven zu identifizieren. Die qualitative Inhaltsanalyse ist eine systematische, regelgeleitete Methode, die besonders geeignet ist, tiefe und differenzierte Einblicke in komplexe Themen zu gewinnen.

Für die Analyse wird die zusammenfassende Form der qualitativen Inhaltsanalyse nach Mayring gewählt. Diese Vorgehensweise ermöglicht eine strukturierte Reduktion des Datenmaterials auf wesentliche Inhalte, die in direktem Bezug zu den Forschungsfragen stehen. Grundlage der Analyse bildet die vollständige Transkription der durchgeführten Expert*innen Interviews, um eine möglichst genaue und nachvollziehbare Textbasis sicherzustellen. Anschließend erfolgt ein mehrstufiger Kodierprozess, in dessen Verlauf die Transkripte systematisch ausgewertet und zentrale Aussagen extrahiert werden, die für die Beantwortung der Forschungsfragen von Relevanz sind.

Im Rahmen der Kategorienbildung werden auf Basis identifizierter inhaltlicher Muster und wiederkehrender Themen systematische Kategorien entwickelt, die dazu dienen, die gewonnenen Erkenntnisse analytisch zu strukturieren und interpretativ einzuordnen. Die abschließende Zusammenfassung erfolgt in verdichteter Form, wobei zentrale Aussagen der Expert*innen komprimiert dargestellt werden, um die wesentlichen Erkenntnisse prägnant herauszuarbeiten und in Bezug zu den Forschungsfragen zu setzen.

Diese Methodik ermöglicht es, fundierte und praxisnahe Empfehlungen zu entwickeln, die auf den Erfahrungen und Meinungen der befragten Expert*innen basieren. Durch das strukturierte und theoriegeleitete Vorgehen können vertiefte Erkenntnisse gewonnen werden, die zur Beantwortung der Forschungsfragen und zur Entwicklung von praktischen Anwendungen beitragen (siehe Abbildung 1).

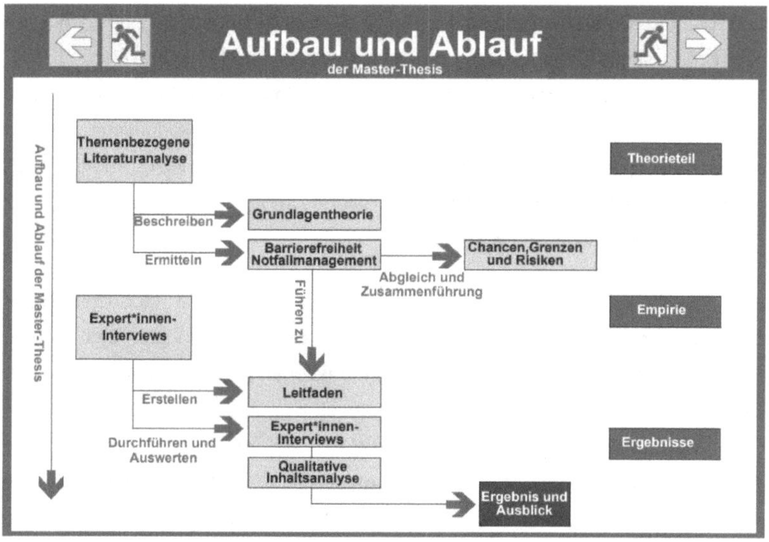

Abbildung 1: Graphisches Untersuchungsdesign und geplantes Vorgehen
Quelle: (eigene Darstellung).

Nach der Vorstellung der Zielsetzung dieser Arbeit und der Formulierung der zentralen Forschungsfrage, die darauf abzielt, die Potenziale KI-gesteuerter Technologien für sehbehinderte Menschen in Notfallsituationen zu analysieren, wird im Folgenden die Problemstellung näher betrachtet. Hierbei liegt der Fokus auf den konkreten Herausforderungen, denen sehbehinderte Personen in Notfällen begegnen. Um die Relevanz der Forschungsfrage zu verdeutlichen, werden im nächsten Abschnitt die Barrieren und Defizite traditioneller Notfallpläne beschrieben, welche die Grundlage für die weiterführende Analyse bilden.

1.4. PROBLEMSTELLUNG

Das Hauptproblem bei der Gestaltung wirksamer Flucht- und Rettungspläne für sehbehinderte Menschen besteht darin, dass diese Pläne häufig auf visuellen Informationen basieren, die für sehbehinderte Menschen nicht zugänglich sind. Herkömmliche Flucht- und Rettungspläne werden gemäß der Norm DIN ISO 23001 (vgl. DIN ISO 23001 2010, S.6-17) erstellt und nutzen visuelle Darstellungen wie Karten, Schilder und Lichtsignale, die von sehbehinderten Menschen nicht wahrgenommen werden können. Daher ist es wichtig, diese Pläne so anzupassen, dass sie für Menschen mit Sehbehinderungen zugänglich und nützlich sind. Sehbehinderte Menschen sind im Notfall besonders gefährdet, da ihnen die visuelle Orientierung für eine schnelle und sichere Evakuierung fehlt. Bestehende unterstützende Technologien wie Reliefpläne, Braille-Schrift und Langstöcke bieten nicht die notwendige Flexibilität und Echtzeitanpassung, um auf sich verändernde Notfallsituationen zu reagieren. Diese Technologien sind auch nicht in der Lage, kontinuierlich aktualisierte Informationen zu liefern oder Hindernisse in Echtzeit zu erkennen.

Die Forschung hat gezeigt, dass alternative sensorische Modalitäten wie Sprachsysteme (vgl. Paek & Chickering, 2007, S.93-117), auditive Signale (vgl. Brewster, 2002 S.188-205), multimodale Interaktionen (vgl. Brewster, Chohan & Brown, 2007, S.159-162), haptisches Feedback (vgl. Wall & Brewster, 2006, S.9-18), vibrotaktile Systeme (vgl. Nicolau et al., 2015, S.1-4) und Gestenerkennungssysteme (vgl. Kuber et al., 2012, S.4-9) vielversprechende Ansätze zur Verbesserung der Barrierefreiheit bieten. Allerdings fehlt es bisher an speziell entwickelten Lösungen, die auf die individuellen Bedürfnisse sehbehinderter Menschen zugeschnitten und in Echtzeit anpassbar sind.

Die dargestellten Barrieren veranschaulichen, dass herkömmliche Flucht- und Rettungspläne für Menschen mit Sehbeeinträchtigungen in Notfallsituationen unzureichend sind. Die Abhängigkeit von visuellen Darstellungen erschwert insbesondere die schnelle und sichere Evakuierung. Obgleich Methoden wie Reliefpläne oder Braille-Schrift gewisse Vorteile bieten, erweisen sie sich doch als unzureichend, da ihnen sowohl die erforderliche Flexibilität als auch die Möglichkeit zur Echtzeit-Reaktion auf veränderte Notfallsituationen fehlen. Um jedoch präzise Maßnahmen zur Verbesserung der Barrierefreiheit in solchen Szenarien zu entwickeln, ist es von grundlegender Bedeutung, die spezifischen Anforderungen und Einschränkungen der betroffenen Zielgruppe genau zu verstehen. Ein vertieftes Verständnis der verschiedenen Grade von Sehbehinderungen sowie der rechtlichen und medizinischen Definitionen ist von grundlegender Bedeutung, um Lösungen gezielt an die Bedürfnisse dieser Menschen anzupassen. Um die besonderen Herausforderungen für sehbehinderte Menschen in Notfallsituationen angemessen zu erfassen und wirksame barrierefreie Evakuierungskonzepte zu entwickeln, ist zunächst eine grundlegende Auseinandersetzung mit der Definition, Typologie und Dynamik von Notfällen sowie den bestehenden rettungstechnischen Rahmenbedingungen erforderlich.

2. Theoretischer Teil

2.1. Notfallsituationen

Unter einer Notfallsituation versteht man ein unvorhergesehenes Ereignis, das potenziell lebensbedrohlich ist oder zu schweren Verletzungen führen kann und rasches Eingreifen erfordert (vgl. ScienceDirect, 2025, Abs.1). Die Erfassung der Relevanz und des Anwendungsbereichs von Notfallsituationen erfordert die Berücksichtigung unterschiedlicher Definitionen.

2.1.1. Notfall - Begriff und Bedeutung

Ein medizinischer Notfall bezeichnet einen akuten, lebensbedrohlichen klinischen Zustand, der durch eine Störung der Vitalfunktionen oder durch die drohende, plötzlich eintretende und irreversible Schädigung von Organen verursacht wird – etwa infolge eines Traumas, einer akuten Erkrankung oder einer Vergiftung (Intoxikation) (vgl. Pschyrembel, 2025, Abs. 1).

Die allgemeine Definition eines Notfalls beschreibt eine Situation oder einen Zustand, in dem eine Sache, ein Tier oder ein Mensch unmittelbar in Gefahr sind (vgl. safeREACH, 2025, Abs. 1).

Auf Grundlage dieser Begriffsbestimmungen lassen sich verschiedene Notfallszenarien identifizieren, die insbesondere bei Gebäudeevakuierungen von Bedeutung sind.

2.1.2. Typische Notfälle bei der Gebäudeevakuierungen

Zu den häufigsten Notfällen, die eine Evakuierung erforderlich machen, zähle:

- Brände stellen eine akute Gefahr dar, da sie eine schnelle und koordinierte Räumung des Gebäudes erforderlich machen.
- Explosionen oder die Gefahr einer Explosion stellen ein erhebliches Risiko dar, da sie zu schweren strukturellen Schäden am Gebäude führen können.
- Der Austritt von Gefahrstoffen umfasst Leckagen oder die Freisetzung chemischer, biologischer oder radiologischer Substanzen, die eine ernsthafte Gesundheitsgefährdung darstellen können.
- Naturkatastrophen wie Erdbeben, Überschwemmungen oder Stürme können die Gebäudestruktur erheblich gefährden und erfordern entsprechende Schutzmaßnahmen.
- Bombendrohungen beinhalten Ankündigungen oder Hinweise auf potenziell platzierte Sprengsätze im oder in der Nähe des Gebäudes und lösen in der Regel sofortige Evakuierungsmaßnahmen aus.
- Stromausfälle mit sicherheitsrelevanten Folgen sind Unterbrechungen der Stromversorgung, die den Betrieb kritischer Sicherheitssysteme beeinträchtigen und dadurch eine Gefahr für Personen darstellen können.

2.1.3. Feuerwehr und Einsätze

Die Feuerwehr übernimmt zentrale Aufgaben wie Retten, Löschen, Bergen und Schützen (vgl. Statista, 2025, Abs. 1). Ein Schwerpunkt liegt auf der Personenrettung, insbesondere bei Bränden. 2022 gab es rund 4,4 Millionen Einsätze, davon 2,4 Millionen in der Notfallrettung (vgl. Statista, 2025, Abs. 1). Besonders herausfordernd ist dabei die Evakuierung von Menschen mit Beeinträchtigungen, da sie in ihrer Mobilität oder Orientierung eingeschränkt sein können und auf gezielte Hilfe angewiesen sind. Ein wesentlicher Faktor für den Erfolg solcher Einsätze ist die Verfügbarkeit funktionaler und barrierefreier Rettungswege.

2.1.4. Rettungswege

Rettungswege ermöglichen im Notfall die sichere Flucht und Rettung. Sie beginnen an allen Bereichen, in denen sich Beschäftigte aufhalten, und führen ins Freie oder in sichere Zonen. Unterschieden wird zwischen Haupt- (z. B. Flure, Treppen, Notausgänge) und Nebenfluchtwegen (zusätzliche Routen) (vgl.ASR-

A2.3,2024, S.2-3). Auch Außentreppen oder begehbare Dachflächen können dazu gehören. Die Wege müssen frei zugänglich und ausreichend breit sein vgl.ASR-A2.3,2024, S.2-3).

2.1.5. Sicherheitsbeleuchtung und -zeichen

Die Sicherheitsbeleuchtung gewährleistet im Notfall Orientierung und Flucht. Sie muss an Fluchtwegen, Ausgängen, Treppen, Richtungswechseln und Gefahrenstellen mindestens 1 lx betragen, in Antipanikbereichen 0,5 lx (vgl. Experten für Notlicht, 2024, S.13). Besonders berücksichtigt werden müssen Menschen mit Behinderung (z. B. in Toiletten oder an Rufanlagen). Für Brandmelder gilt eine Beleuchtungsstärke von 5 lx. Alle Anlagen müssen so ausgelegt sein, dass auch beim Ausfall einer Leuchte die Kennzeichnung des Rettungswegs erhalten bleibt (vgl. Experten für Notlicht, 2024, S.13). Sicherheitszeichen nach EN ISO 7010 dienen der schnellen Orientierung im Notfall (vgl. Experten für Notlicht, 2024, S.16-17). Sie kennzeichnen Fluchtwege, Erste-Hilfe-Stationen, Feuerlöscher etc. (siehe Abbildung 2). Die Leuchtdichte muss im Notbetrieb ≥ 2 cd/m² (DIN EN 1838) und im Netzbetrieb ≥ 500 cd/m² (DIN 4844-1) betragen, um gute Sichtbarkeit zu gewährleisten.

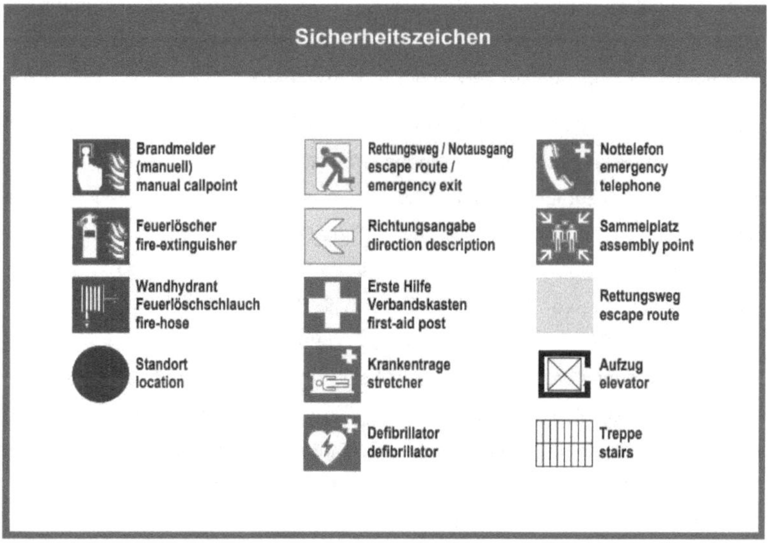

Abbildung 2: Sicherheitszeichen
Quelle: (eigene Darstellung in Anlehnung an DLR)

Zur visuellen Orientierung im Notfall gehören auch gut sichtbare Flucht- und Rettungspläne. Im folgenden Kapitel werden Flucht- und Rettungspläne unter besonderer Berücksichtigung der CAD-Planung gemäß einschlägiger DIN-Normen sowie exemplarische Konzepte des Notfallmanagements systematisch erläutert.

2.1.6. Flucht- und Rettungspläne

- **CAD-basierte Flucht- und Rettungspläne**

Die Erstellung von Flucht- und Rettungsplänen erfolgt unter Zuhilfenahme von CAD-Software, wodurch eine exakte Anpassung der Pläne an die baulichen Gegebenheiten des jeweiligen Gebäudes gewährleistet wird. Die resultierenden, detailgenauen Pläne dienen der Sicherstellung einer effizienten und sicheren Evakuierung im Ernstfall, indem sie klare, maßstabsgetreue Wege für Rettungskräfte sowie alle Nutzer*innen des Gebäudes aufzeigen.

Mit dem Computer Aided Design (CAD) ist das Konstruieren und Zeichnen mithilfe eines Computers gemeint (vgl. Krebs, 2007, S.8). Die ersten CAD-Programmen, die relativ kostspielig waren, sind in den 1960ern entwickelt worden und wurden vorwiegend im Flugzeugbau verwendet (vgl. Krebs, 2007, S.8).

Mittlerweile gibt es eine Vielzahl an unterschiedlichen CAD-Programmen, die sich bezüglich der Branche, in der sie eingesetzt werden, unterscheiden (vgl. Bryden, 2014, S.10). Heutzutage wird das CAD in den unterschiedlichsten Fachgebieten benutzt u.a. im Ingenieurwesen beim Fahrzeug- und Anlagenbau, in der Architektur im Hoch- und Tiefbau (vgl. Krebs, 2007, S.8) oder zur Produktentwicklung von Produktdesignern (vgl. Bryden, 2014, S.10). Neben der Erstellung von 2D- und 3D-Zeichnungen können mit leistungsfähigen CAD-Programmen auch virtuelle Modelle entwickelt werden (vgl. Krebs, 2007, S.8). Mit solchen virtuellen Modellen können eine Vielzahl von Simulationen durchgeführt werden wie z.B. Klima-, Last-, Licht- oder Strömungssimulationen (vgl. Krebs, 2007, S.8). Mithilfe von virtuellen Simulationen können Ingenieur*innen, Architekt*innen und Zeichner*innen wesentlich kosten-, zeit- und ressourceneffizienter konstruieren. Auch wenn mit den verschiedenen CAD-Programmen das Zeichnen, Konstruieren und Entwickeln um ein Vielfaches vereinfacht wurde, bemühen sich Forschende mit Hilfe der künstlichen Intelligenz die CAD-Programme weiter zu optimieren. Die Uni Augsburg entwickelte in Zusammenarbeit mit dem Softwareentwickler CADENAS und dem Deutschen Zentrum für Luft- und Raumfahrt (DLR) ein KI basiertes Assistenzsystem für CAD-Programme (vgl.uni-augsburg.de, 2023, Abs.2). Beim Konstruieren mit einem CAD-Programm wird in der Regel auf schon konstruierte virtuelle Bauteile zurückgegriffen, das Heraussuchen bzw. das Finden der passenden Bauteile ist oftmals sehr zeitintensiv (vgl.uni-augsburg.de, 2023 Abs.2). Mit dem KI basierten Assistenzsystem soll dieser Arbeitsschritt vereinfacht werden, dem*der Konstrukteur*in werden beim Konstruieren automatisch mögliche passende virtuelle Bauteile von der KI vorgeschlagen (vgl.uni-augsburg.de, 2023, Abs.5).

> *„Was macht nun die KI im Assistenzsystem? Zunächst benötigt sie viele Beispieldaten, um zu lernen: „Sagen wir, eine Firma nutzt das neue Assistenzsystem. Dafür lernt es anhand vorhandener CAD-Daten, welche Bauteile und Produkte es gibt und wie deren Fingerabdrücke' oder Sätze' aussehen", so Lenzen. Wenn anschließend ein Mitarbeiter oder eine Mitarbeiterin einen Bauplan verändern möchte, dann muss er oder sie nicht endlose Datenbanken wälzen. Stattdessen greift die KI auf alle Daten und damit auf das Wissen aller Konstrukteure zurück und weiß, welche Bauteile wo in welcher Abhängigkeit verwendet werden und macht so zielgenau Vorschläge, statt zum Beispiel nur Bauteile ähnlicher Form zu präsentieren" (uni-augsburg.de, 2023 Abs.5).*

Das Unternehmen Autodesk, der Entwickler der CAD-Software AutoCAD, verfolgt ein ähnliches Konzept bezüglich des Einsatzes der KI in CAD-Programmen. Autodesk bietet in ihrer Software Tools zur Automatisierung von Projektdokumentationen und Zeichnungen (vgl.autocad-magazin.de, 2023, Abs. 6). Eine weitere interessante Anwendung der KI von Autodesk ist, dass die Erstellung von CNC-Werkzeugwegen bereits beim Konstruieren eines Bauteils von der CAD-Software erstellt wird. Aufgrund dessen wird bei der Produktion die Programmierzeit der CNC-Maschine erheblich verkürzt (vgl.autocad-magazin.de, 2023, Abs. 6). Nemetschek, ein weiterer Entwickler von CAD-Software, setzt die künstliche Intelligenz neben Assistenzsystemen auch in Big Data ein. Mit den Erfahrungen früherer Projekte und der Fähigkeit, Muster zu erkennen, hilft die künstliche Intelligenz, mögliche Risiken zu erkennen und rechtzeitig die Projektmanager*innen zu benachrichtigen (vgl. blog.nemetschek.com, 2023, Abs.4).

„Daten sind der Kern der künstlichen Intelligenz. Unter Verwendung historischer Informationen kann maschinelles Lernen zukünftige Ergebnisse auf der Grundlage vergangener Leistungen vorhersagen, Muster erkennen oder sich wiederholende Aufgaben ausführen und auf bisher ungeahnte Weise zu neuen Erkenntnissen führen. Dies hat das Potenzial, jeden Teil des Bauprozesses auf unterschiedliche Weise zu verändern. Bereits in der Planungs- und Entwurfsphase helfen fortschrittliche Softwaretools (wie sie etwa die Nemetschek Group anbietet) dabei, Kollisionen zwischen Modellen zu erkennen, genaue Konstruktionssimulationen und Zeitpläne zu erstellen und die Effizienz in der Planungsphase zu steigern, Don Jacob, 2021. (blog.nemetschek.com, 2023, Abs.2).“

Es ist zu erwarten, dass sich die Erstellung von Flucht- und Rettungsplänen durch die Weiterentwicklung von CAD- und KI-gestützten Assistenzsystemen in Zukunft deutlich vereinfachen wird. Der Einsatz künstlicher Intelligenz, welche bereits heute eine wesentliche Rolle in CAD-Programmen einnimmt, könnte dazu beitragen, den Prozess der Planerstellung weiter zu automatisieren und zu optimieren. KI könnte dabei nicht nur die vorhandenen Gebäudedaten analysieren, sondern auch automatisch passende Rettungswege vorschlagen, die auf Normen wie der DIN ISO 23601 basieren. Des Weiteren wäre es möglich, dass die KI auf historische Daten zurückgreift und auf Basis früherer Flucht- und Rettungsszenarien optimierte, maßstabsgetreue Wege entwickelt, welche alle sicherheitsrelevanten Aspekte berücksichtigen.

Ein weiterer Vorteil der Integration von KI in CAD-gestützte Systeme könnte in der automatischen Integration von Änderungen im Gebäude oder neuen Anforderungen an die Fluchtwege in die Pläne bestehen. Dies gewährleistet, dass alle Flucht- und Rettungspläne stets auf dem aktuellen Stand sind und den höchsten Sicherheitsstandards entsprechen. Die manuelle Überarbeitung der Pläne könnte folglich in erheblichem Maße reduziert werden, was zu einer signifikanten Zeitersparnis und einem noch präziseren Resultat führen würde.

Des Weiteren wäre es möglich, dass KI durch die Fähigkeit, unterschiedliche Szenarien zu simulieren, die Rettungswege auf ihre Effizienz überprüft und optimiert. Dadurch könnten potenzielle Engpässe oder Hindernisse frühzeitig erkannt und beseitigt werden, bevor sie im Ernstfall zu Problemen führen könnten. Dies würde nicht nur die Sicherheit der Gebäudenutzer*innen erhöhen, sondern auch den gesamten Prozess der Planerstellung und -anpassung revolutionieren.

CAD-Software, deren Funktionalität durch den Einsatz künstlicher Intelligenz kontinuierlich optimiert wird, spielt somit nicht nur eine entscheidende Rolle in der Konstruktion von Bauwerken, sondern möglicherweise auch in der Erstellung von maßstabsgetreuen Flucht- und Rettungsplänen, die im Ernstfall für eine sichere Evakuierung unerlässlich sind.

CAD-basierte Systeme ermöglichen eine präzise visuelle Darstellung von Flucht- und Rettungsplänen. Die Norm DIN ISO 23601 definiert die standardisierte Gestaltung und den Einsatz dieser Pläne in Gebäuden, um die Sicherheit aller Personen, einschließlich sehbehinderter Menschen, zu gewährleisten.

- **DIN ISO 23601 Flucht- und Rettungspläne**

Ein Flucht- und Rettungsplan ist ein Plan für die Benutzer*innen einer baulichen Anlage, der die notwendigen Informationen über die Fluchtwege enthält (siehe Abbildung 3). Er enthält auch Hinweise zur Evakuierung und Rettung sowie eventuelle Anweisungen für Sofortmaßnahmen im Notfall (vgl. DIN-ISO 23601, 2010, S.6).

Vor der Erstellung eines Flucht- und Rettungsplanes sind die Brandschutzmaßnahmen festzulegen und relevante Unterlagen wie Grundrisspläne, Evakuierungsmaßnahmen und Standorte von Feuerlöscheinrichtungen zu prüfen (vgl. DIN-ISO 23601, 2010, S.7). Der Plan informiert über Fluchtwege, Notfallmaßnahmen, sichere Bereiche und Sammelstellen und ergänzt das Sicherheitsleitsystem einer baulichen Anlage (vgl. DIN-ISO 23601, 2010, S.7).

Die grundlegenden Begriffe der Norm DIN ISO 23601 umfassen den "Flucht- und Rettungsplan", der Fluchtwege, Evakuierungsmaßnahmen und Sofortmaßnahmen darstellt, sowie den "Fluchtweg", der als gekennzeichneter Weg zu einem sicheren Bereich dient (vgl. DIN ISO 23601, 2010, S. 6).

Der Detailplan zeichnet sich durch eine präzise Darstellung eines bestimmten Bereichs aus, während der Übersichtsplan eine vereinfachte Darstellung des gesamten Gebäudekomplexes im Kontext des betroffenen Bereichs bietet (vgl. DIN ISO 23601, 2010, S. 6). Die Kennzeichnung der Fluchtwege, Notausgänge sowie horizontaler und vertikaler Fluchtwege müssen deutlich erkennbar sein. Die in Frage stehenden Richtungsanweisungen sind gemäß ISO 3864-3 mit Pfeilen zu versehen (vgl. DIN ISO 23601, 2010, S. 10).

Des Weiteren sind auf dem Plan die Verhaltensregeln für den Brandfall und bei Unfällen anzugeben bzw. in dessen Nähe anzubringen. Eine Legende, welche sich auf dem Plan befindet, erläutert die Bedeutung der Sicherheitszeichen, grafischen Symbole sowie Farbcodes (vgl. DIN ISO 23601, 2010, S. 8).

Im Rahmen der Farbgestaltung des Plans sind spezifische Vorgaben zu berücksichtigen. Die Kennzeichnung von Fluchtwegen erfolgt mittels grüner Richtungspfeile und hellgrüner Fluchtweg-Markierungen. Sicherheitszeichen sind gemäß ISO 3864-1 in den Sicherheitsfarben darzustellen (vgl. DIN ISO 23601, 2010, S. 11).

Der Standort der betrachtenden Person ist in blauer Farbe anzugeben. Der Hintergrund sollte weiß oder nachleuchtend weiß sein, während die Darstellung der baulichen Anlage in schwarzer Umrisslinie erfolgt (vgl. DIN ISO 23601, 2010, S. 11). Die Überschrift muss in grüner Sicherheitsfarbe sowie einer Kontrastfarbe gestaltet sein, während der Text in der Regel schwarz sein sollte. Zur Hervorhebung kann jedoch auch eine andere Farbe verwendet werden (vgl. DIN ISO 23601, 2010, S. 11).

Die Materialien der Pläne müssen licht- und feuchtigkeitsbeständig sein. Die Haltbarkeitsmerkmale sind gemäß ISO 17398 zu prüfen (vgl. DIN ISO 23601, 2010, S. 12). Die Pläne sind an gut sichtbaren, strategischen Stellen anzubringen, beispielsweise an Hauptzugängen, in der Nähe von Aufzügen und Treppen sowie in Versammlungsorten (vgl. DIN ISO 23601, 2010, S. 12).

Um sicherzustellen, dass die Pläne lesbar, erkennbar und aktuell bleiben, insbesondere nach Änderungen an der baulichen Anlage oder den Notfallmaßnahmen, sind regelmäßige Überprüfungen notwendig (vgl. DIN ISO 23601, 2010, S. 12).

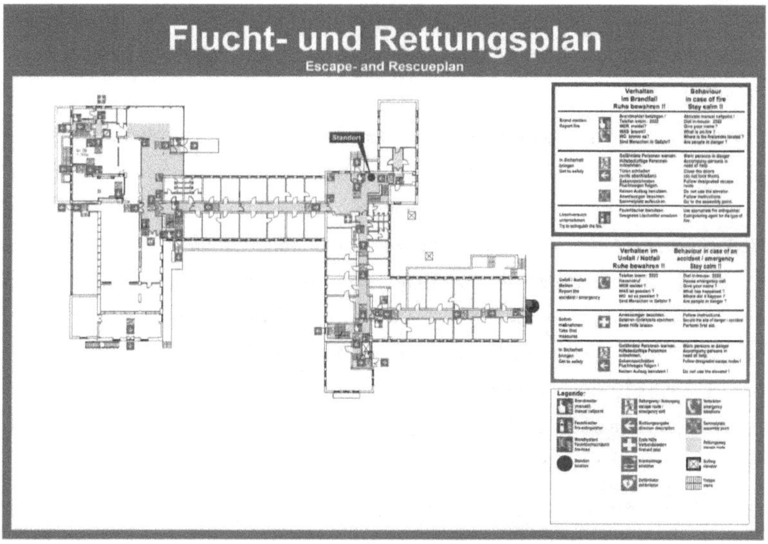

Abbildung 3: Flucht -und Rettungsplan gemäß DIN ISO 23601
Quelle: (eigene Darstellung in Anlehnung an Deutsches Zentrum für Luft- und Raumfahrt).

Während Flucht- und Rettungspläne die Orientierung im Gebäude sichern, zeigt das Notfallmanagement im DLR, wie organisatorische Abläufe im Ernstfall koordiniert werden.

2.1.7. Notfallmanagement im DLR

Das Notfallmanagement im DLR ist darauf ausgelegt, schnell und effektiv auf unterschiedliche Notfallsituationen zu reagieren (vgl. DLR Sicherheit TI SIH, 2024, Abs.1). Ein Notfall ist ein zeitkritisches Ereignis, bei dem eine unmittelbare Gefahr für Personen besteht und Feuerwehr oder Rettungsdienste informiert werden müssen, wie z.B. bei Bränden oder Unfällen. Daneben gibt es technische Störungen, die zwar ein Schadenspotenzial haben, aber keine unmittelbare Gefahr für Menschen darstellen, wie z.B. kleinere Öl- oder Wasseraustritte. In schweren Fällen kann sich ein Notfall zu einer Notlage oder Krise entwickeln, die besondere Maßnahmen erfordert (vgl. DLR Sicherheit TI SIH, 2024, Abs.1).

Um auf Notfälle vorbereitet zu sein, ist es wichtig, dass alle Mitarbeiter*innen die Flucht- und Rettungswege sowie die Notfalleinrichtungen im Gebäude kennen. Flucht- und Rettungswegepläne sind in der Regel an zentralen Stellen im Gebäude, wie z. B. an den Hauptzugängen, ausgehängt und sollten regelmäßig überprüft werden (vgl. DLR Sicherheit TI SIH, 2024, Abs.1). Auch bei Dienstreisen, z. B. in Hotels, sollten die Fluchtwege beim Einchecken in die Zimmer bekannt sein. Notfalleinrichtungen wie Notruftelefone und Feuerlöscher müssen jederzeit zugänglich und ihre Standorte bekannt sein (vgl. DLR Sicherheit TI SIH, 2024, Abs.1).

Derzeit lässt sich im Notfallmanagement des DLR ein deutlicher Schwerpunkt auf allgemeine Sicherheitsmaßnahmen beobachten, die auf eine zügige Reaktion und Evakuierung bei Gefahrensituationen abzielen. Die Flucht- und Rettungswegepläne sowie die Notfalleinrichtungen, zu denen beispielsweise Feuerlöscher und Notruftelefone zählen, sind zentral positioniert und unterliegen einer regelmäßigen Überprüfung. Dennoch werden die spezifischen Bedürfnisse sehbehinderter oder mobilitätseingeschränkter Menschen nur unzureichend berücksichtigt. Die Informationsvermittlung sowie die Darstellung der Sicherheitspläne basieren in erster Linie auf visuellen Darstellungen, wodurch sie für Personen mit Sehbeeinträchtigungen nur eingeschränkt zugänglich sind.

Daher ist es das Ziel dieser Untersuchung, die Möglichkeiten zur barrierefreien Gestaltung des Notfallmanagements und der Flucht- und Rettungspläne sowie deren Anpassung an die Bedürfnisse sehbehinderter Personen zu erforschen. Im Kontext eines wirksamen Notfallmanagements gewinnt die Berücksichtigung von Menschen mit Sehbehinderung zunehmend an Bedeutung.

2.2. Sehbehinderung und Blindheit

2.2.1. Definition von Sehbehinderung und Blindheit

In Deutschland werden Sehbeeinträchtigungen aus verschiedenen Perspektiven betrachtet, wobei insbesondere die medizinische, sozialrechtliche und pädagogische Dimension als relevant definiert werden (vgl. Lang & Heyl, 2021, S.17). Dementsprechend weisen die genannten Ansätze unterschiedliche Schwerpunktsetzungen auf. Aus medizinischer und sozialrechtlicher Sicht werden die Begriffe "Blindheit", "hochgradige Sehbehinderung" und " Sehbehinderung" unter dem Oberbegriff "Sehschädigung" zusammengefasst (vgl. Walthes, 2022, S.56). Die Einteilung basiert auf der Sehschärfe (Visus) oder der Gesichtsfeldeinschränkung, die durch spezielle augenärztliche Untersuchungen gemessen werden (vgl. Lang & Thiele, 2020, S.9). Diese Werte bilden auch die Grundlage für die Gewährung staatlicher Hilfen.

Die Bestimmung der Sehschärfe erfolgt durch die Messung der Fähigkeit einer Person, Symbole (Optotypen) aus einer bestimmten Entfernung zu erkennen. Bei einer Erkennbarkeit von Symbolen, welche für eine Entfernung von fünf Metern normiert sind, bei einer Entfernung von lediglich einem Meter, ergibt sich ein Visus von 0,2, was einem Fünftel entspricht. Ein Visus von 1,0 entspricht dem Normalwert des Sehvermögens (vgl. Lang & Heyl, 2021, S.17).

Als sehbehindert werden Personen bezeichnet, deren Sehvermögen hinsichtlich der Fernsehschärfe und der Sehfähigkeit für kurze Entfernungen, etwa zum Lesen, beeinträchtigt ist. Zudem ist das Gesichtsfeld, also der Bereich, den man ohne Kopf- oder Augenbewegung sehen kann, eingeschränkt. Bei einem gesunden Erwachsenen ist das Gesichtsfeld horizontal etwa 180° breit und vertikal etwa 60° nach oben und 70° nach unten (vgl. Lang & Heyl, 2021, S.17).

In Deutschland werden Menschen mit Sehbehinderungen nach der Sehschärfe des besseren Auges eingeteilt, auch wenn sie Korrekturhilfen wie Brillen nutzen. Der Visus liegt zwischen ≤ 0,3 (30%) und 0,05, was einer hochgradigen Sehbehinderung entspricht. Ein Visus zwischen 0,05 (5%) und 0,02 wird als "sehbehindert" klassifiziert, während die Bezeichnung "blind" bei einem Visus von ≤ 0,02 (2%) vergeben wird (vgl. Lang & Heyl, 2021, S.18) (siehe Abbildung 4).

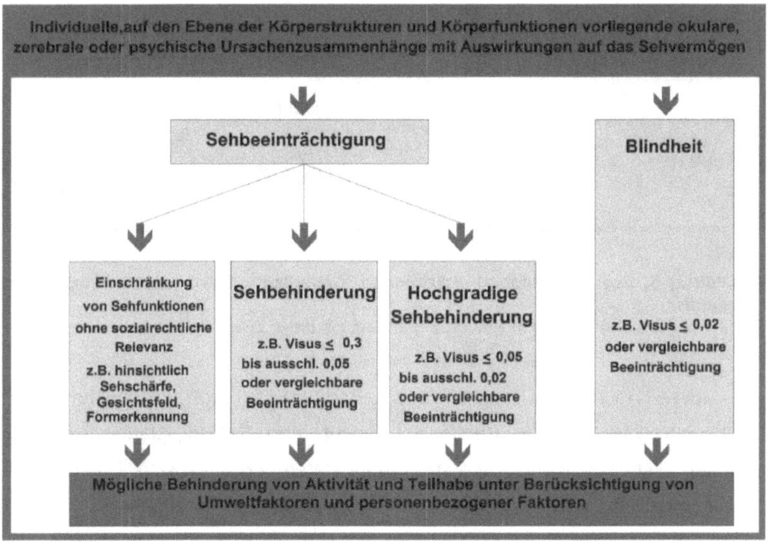

Abbildung 4: Zusammenhänge der Begriffe Sehbeeinträchtigung, Blindheit und Behinderung
Quelle: (eigene Darstellung in Anlehnung an Lang & Heyl, 2020, S.21).

Das internationale Klassifikationssystem der World Health Organization (WHO), das in der Internationalen Klassifikation der Krankheiten (vgl. DMDI, 2016, Kapitel VII, (ICD-10 - WHO) festgelegt ist, unterscheidet fünf Stufen von Sehbehinderungen (vgl. DMDI, 2016, Kapitel VII). Dabei entsprechen Stufe 1 und 2 zusammen der deutschen Definition von "Sehbehinderung". Stufe 3 entspricht der deutschen Definition von "hochgradiger Sehbehinderung" (siehe Abbildung 3). Diese Definitionen basieren auf medizinischen Standards. Eine Sehbehinderung ist eine dauerhafte Beeinträchtigung des Sehsystems und seiner Funktionen durch eine Erkrankung des Auges (vgl. WHO, 2024, Abs.1).

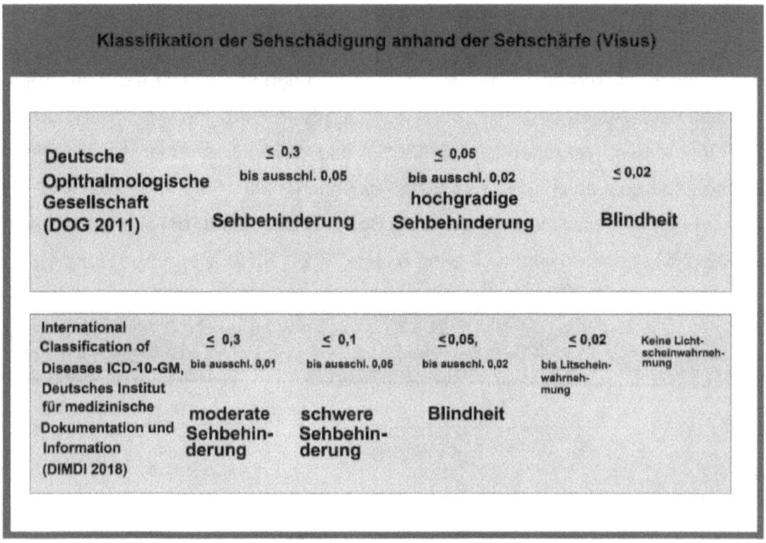

Abbildung 5: Sozialrechtliche-medizinische Klassifikation von Sehschädigung im Vergleich
Quelle: (eigene Darstellung in Anlehnung an Lang & Heyl, 2020, S.18).

Um die Herausforderungen und Bedürfnisse von Menschen mit Sehbeeinträchtigungen in Bezug auf Flucht- und Rettungspläne besser zu verstehen, ist es notwendig, auf statistische Daten und empirische Erkenntnisse zu den spezifischen Beeinträchtigungen dieser Zielgruppe einzugehen.

2.2.2. Statistische Erhebung zur Sehbehinderung und Blindheit in DE

In Deutschland leben etwa 1,2 Millionen Menschen, die entweder blind oder hochgradig sehbehindert sind (vgl. Bundesministerium für Gesundheit, 2024

Abs.1). Diese Personen verfügen selbst mit Brille oder Kontaktlinsen lediglich über ein Sehvermögen von weniger als 30 Prozent des normalen Sehvermögens. Unter den zuvor genannten Personengruppen existiert eine spezielle Gruppe, die so wenig sieht, dass ihr Sehvermögen weniger als 2 Prozent des normalen Sehvermögens beträgt. Die Anzahl dieser Menschen, die von einer hochgradigen Sehbehinderung betroffen sind, ist rückläufig. Schätzungen des Deutschen Blinden- und Sehbehindertenverbandes (vgl. Bundesministerium für Gesundheit, 2024, Abs.1) zufolge liegt ihre Anzahl derzeit bei etwa 100.000.

In Deutschland existiert keine umfassende und genaue Erfassung der blinden und sehbehinderten Menschen (vgl. Deutscher Blinden- und Sehbehindertenverband e.V., 2024, Abs.1). Dies ist erstaunlich, da verlässliche Daten für eine zielgerichtete Planung und Unterstützung von großer Bedeutung wären. Der Mangel an genauen Zahlen führt dazu, dass Verantwortliche oft auf Vermutungen angewiesen sind, was die Unsicherheit in der Planung, insbesondere im öffentlichen Sektor, erhöht (vgl. Deutscher Blinden- und Sehbehindertenverband e.V., 2024, Abs.1).

Der Deutsche Blinden- und Sehbehindertenverband (DBSV) fordert seit Jahren die Erhebung präziser empirischer Daten zur Situation blinder und sehbehinderter Menschen in Deutschland. Diesbezüglich ist insbesondere im Bereich der Sehbehinderung, wo die Anzahl der Betroffenen laut Schätzungen der Weltgesundheitsorganisation (WHO) offenbar signifikant ansteigt, eine präzise Erfassung vonnöten. Derzeit stehen jedoch lediglich unvollständige und zum Teil ungenaue Zahlen zur Verfügung (vgl. Deutscher Blinden- und Sehbehindertenverband e.V., 2024, Abs.1). In Deutschland leben derzeit rund 71.260 blinde sowie 46.820 hochgradig sehbehinderte Menschen (vgl. Deutscher Blinden- und Sehbehindertenverband e.V., 2024, Abs.1). Insgesamt wurden 440.645 Menschen mit einer Sehbehinderung erfasst. Dies entspricht einer Gesamtzahl von 558.725 Menschen mit Beeinträchtigung des Sehvermögens (vgl. Deutscher Blinden- und Sehbehindertenverband e.V., 2024, Abs.1). Diese Zahlen werden vom DBSV jedoch als Untergrenze betrachtet, da ein Großteil der Betroffenen keinen Schwerbehindertenausweis besitzt (vgl. Deutscher Blinden- und Sehbehindertenverband e.V., 2024, Abs.1).

Die Gutenberg-Gesundheitsstudie (vgl. Gutenberg-Gesundheitsstudie, 2024, Abs.1), eine groß angelegte Bevölkerungsstudie, präsentiert aktuelle Daten zu häufig vorkommenden Augenkrankheiten in Deutschland.

Die altersabhängige Makula-Degeneration (Spätstadien) betrifft 0,59 % der Bevölkerung, was etwa 480.000 Personen entspricht. Die Prävalenz der Frühstadien dieser Erkrankung liegt bei 8,43 % der Bevölkerung, was etwa 6.938.000 Personen entspricht. Die Prävalenz von komplikationsbedingtem Glaukom (Grüner Star) liegt bei 1,12 % der Bevölkerung, was einer Anzahl von ca. 919.000 Betroffenen entspricht (vgl. Gutenberg-Gesundheitsstudie, 2024, Abs.1).

Die Prävalenz von diabetischer Retinopathie beläuft sich auf 1,53 % der Bevölkerung, was einer Anzahl von ca. 1.267.000 Betroffenen entspricht. Hierbei ist zu berücksichtigen, dass diese Zahl 21,7 % der Personen mit bekanntem Diabetes entspricht (vgl. Gutenberg-Gesundheitsstudie, 2024, Abs.1).

Die ermittelten Zahlen verdeutlichen, wie wichtig barrierefreie Evakuierungskonzepte sind – nicht nur für alle Menschen mit Beeinträchtigungen, sondern insbesondere für sehbehinderte und blinde Personen.

2.3. Barrierefreie Evakuierungskonzepte

Ein barrierefreies Evakuierungskonzept berücksichtigt nicht nur die bauliche Zugänglichkeit, sondern auch spezifische Fluchtstrategien für Personen mit Einschränkungen (vgl. bfb barrierefrei bauen, 2025, Abs.1). Angesichts der steigenden Zahl älterer Menschen sowie der zunehmenden Prävalenz von Verletzungen, Behinderungen und chronischen Erkrankungen wächst der Anteil der Personen mit funktionellen Einschränkungen stetig (vgl. Lyu & Wang, 2025, S.21-22). Schätzungen zufolge leben weltweit derzeit etwa 1,3 Milliarden Menschen mit erheblichen Behinderungen – eine Zahl, die mit dem demografischen Wandel weiter ansteigen wird (vgl. Lyu & Wang, 2025, S.1). Zur Umsetzung barrierefreier Evakuierungskonzepte bildet die DIN 18040 eine zentrale Grundlage, da sie konkrete Anforderungen an die bauliche Barrierefreiheit definiert.

2.3.1. Einführung in die Barrierefreiheit nach DIN 18040

Die bauliche Barrierefreiheit im Sinne des Behindertengleichstellungsgesetzes (BGG) definiert die DIN 18040. Ziel der DIN 18040 ist es, bauliche Anlagen so zu gestalten, dass sie für Menschen mit Behinderungen ohne Erschwernis und ohne fremde Hilfe zugänglich und nutzbar sind (vgl. DIN 18040-1, 2010, S.4). Die Norm ist in drei Teile gegliedert: DIN 18040-1 für öffentlich zugängliche Gebäude, DIN 18040-2 für Wohnungen und DIN 18040-3 für Verkehrs- und Freiflächen. Die

Anwendung der Norm ist abhängig von öffentlichen Vorschriften oder privatrechtlichen Vereinbarungen. Sie umfasst Bauten wie Kultur-, Gesundheits- und Verwaltungsbauten (vgl. DIN 18040-1, 2010, S.4). Blindheit ist nach DIN-Norm (vgl. DIN 18040-1, 2010, S.5) der vollständige Verlust des Sehvermögens oder eine so stark eingeschränkte Lichtwahrnehmung, dass der Betroffene zur Orientierung überwiegend auf den Tastsinn und das Gehör angewiesen ist. In der Regel werden Hilfsmittel wie Blindenstock oder Blindenführhund verwendet (vgl. DIN 18040-1, 2010, S.5). Ein wesentlicher Aspekt der Barrierefreiheit betrifft die visuelle Gestaltung. Für Menschen mit Sehbeeinträchtigungen muss die Wahrnehmung von Informationen gewährleistet sein (vgl. DIN 18040-1, 2010, S.19). Die wesentlichen Kriterien für eine optimale Erkennbarkeit sind Leuchtdichtekontraste, die Dimensionen und die Form des Sehobjekts sowie eine adäquate, blendfreie Beleuchtung (vgl. Bayerische Architektenkammer, Barrierefreies Bauen DIN 18040 Teil 3, 2018, S.53). Es kann festgehalten werden, dass hohe Leuchtdichtekontraste, insbesondere Hell-Dunkel-Kombinationen, eine signifikante Verbesserung der Sichtbarkeit bewirken. Farbkontraste können unterstützend wirken, jedoch kann ein Leuchtdichtekontrast nicht ersetzt werden. Für Orientierungshilfen sind Kontrastwerte ab K ≥ 0,4, für Warnhinweise und schriftliche Informationen Kontrastwerte ab K ≥ 0,7 erforderlich (vgl. Bayerische Architektenkammer, 2018, S. 53) (siehe Abbildung 6).

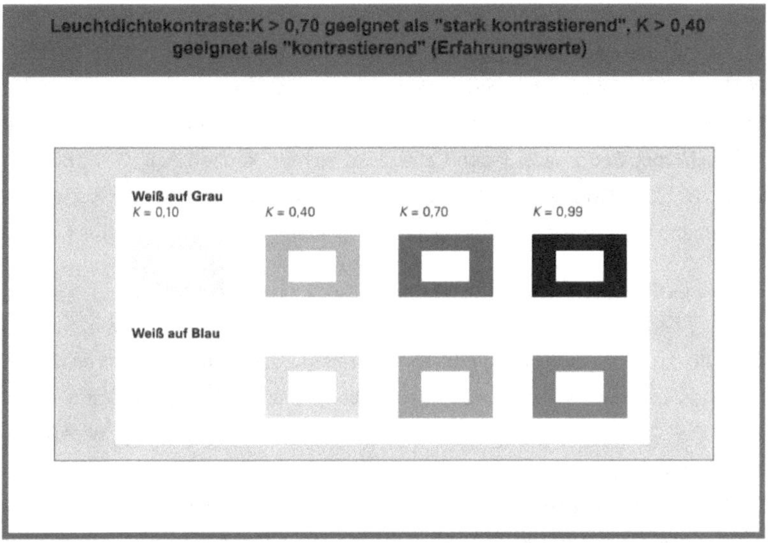

Abbildung 6: Leuchtdichtekontraste: K > 0,70 und K > 0,40

Quelle: (eigene Darstellung in Anlehnung Bayerische Architektenkammer, Barrierefreies Bauen DIN 18040 Teil 3, 2018, S.53).

Des Weiteren ist darauf zu achten, dass Blendung, Spiegelung und Schattenbildung durch eine geeignete Materialwahl und Oberflächengestaltung vermieden werden (vgl. DIN 18040-1, 2010, S. 19). Die Zugänglichkeit von Informationen auf kurzer Distanz muss auch für Menschen mit Sehbeeinträchtigung und Rollstuhlfahrer*innen gewährleistet sein (vgl. DIN 18040-1, 2010, S. 19).

Im Kontext des Brandschutzes ist es unerlässlich, die Bedürfnisse von Menschen mit motorischen und sensorischen Einschränkungen zu berücksichtigen (vgl. DIN 18040-1, 2010, S.23). Diesbezüglich sind zwei Aspekte zu nennen: Einerseits die Bereitstellung sicherer Bereiche für Personen, die sich nicht selbst retten können, andererseits die Sicherstellung der visuellen Wahrnehmbarkeit von akustischen Alarm- und Warnsignalen (vgl. DIN 18040-1, 2010, S.23). Dies gilt insbesondere für Räumlichkeiten, in denen sich hörgeschädigte Personen ohne Begleitung aufhalten, wie beispielsweise Toilettenräume (vgl. DIN 18040-1, 2010, S. 23). Es wird empfohlen, akustische Systeme wie Sprachdurchsagen in Fluchtrichtung in Fluchtwegen mit optischen Rettungszeichen zu integrieren und zusätzliche organisatorische Vorkehrungen für die Sicherheit aller Personen zu treffen (vgl. DIN 18040-1, 2010, S. 23). Notrufeinrichtungen in Toilettenräumen sind so zu gestalten, dass sie für Menschen mit Sehbeeinträchtigungen oder Blindheit eine eindeutige und leicht erkennbare Kennzeichnung aufweisen (vgl. DIN 18040-1, 2010, S. 29). Dies kann durch eine kontrastreiche Gestaltung sowie taktile Erfassbarkeit gewährleistet werden. Der Notruf muss sowohl vom WC aus sitzend als auch vom Boden aus liegend ausgelöst werden können (vgl. DIN 18040-1, 2010, S. 29). Trotz klarer Vorgaben in der DIN 18040 zeigt die praktische Umsetzung noch erhebliche Herausforderungen und rechtliche Lücken auf.

2.3.2. Herausforderungen und gesetzliche Lücken

Obwohl die Notwendigkeit einer barrierefreien Evakuierung unbestreitbar ist, bestehen nach wie vor erhebliche gesetzliche Defizite (vgl. Lyu & Wang, 2025, S.2). Ein Großteil gegenwärtiger Vorschriften fokussiert sich auf allgemeine Brandschutz Maßnahmen, ohne spezifische Lösungen für Menschen mit Behinderungen zu berücksichtigen (vgl. Lyu & Wang, 2025, S.2). Dies betrifft insbesondere die Berücksichtigung verschiedener Gebäudetypen, individueller

Einschränkungen und spezifischer Notfallszenarien (vgl. bfb barrierefrei bauen, 2025, Abs.1).

2.3.3. Maßnahmen für eine barrierefreie Evakuierung

Eine effektive, barrierefreie Evakuierung erfordert ein Zusammenspiel diverser Faktoren, darunter bauliche, technische sowie organisatorische Maßnahmen (vgl. bfb barrierefrei bauen, 2025, Abs.1). Dazu zählen sichere Wartebereiche, in denen nicht eigenständig fluchtfähige Personen Schutz finden, Evakuierungsaufzüge, die auch im Brandfall genutzt werden können, sowie Rettungsabschnitte, die alternative Fluchtwege bieten (vgl. bfb barrierefrei bauen, 2025, Abs.1). Ergänzend spielen technische Hilfsmittel wie taktile Leitsysteme, Vibrationsalarme oder visuelle Signale eine entscheidende Rolle. Der Fokus liegt auf der Selbstrettung, die durch organisatorische Konzepte wie Evakuierungshelfer ergänzt werden kann (vgl. bfb barrierefrei bauen, 2025, Abs.1).

2.3.4. Spezifische Herausforderungen bei der Evakuierung

Die Evakuierung von Menschen mit Behinderungen stellt besondere Anforderungen an Technik und Organisation (vgl. Lyu & Wang, 2025, S.8). Während mobilitätseingeschränkte Personen auf Evakuierungsstühle oder Schutzräume angewiesen sind (vgl. Lyu & Wang, 2025, S.13-14), benötigen hörgeschädigte Personen visuelle Alarme und Vibrationsmelder (vgl. Lyu & Wang, 2025, S.9). Sehbehinderte Personen wiederum verlassen sich auf akustische Leitsysteme und taktile Orientierungshilfen (vgl. Lyu & Wang, 2025, S. 9-10) – eine Lösung, die im folgenden Abschnitt unter „Barrierefreie Navigation" näher beschrieben wird.

Für Menschen mit Sprachbehinderungen sind text- oder gestenbasierte Kommunikationsmittel hilfreich, während Personen mit kognitiven Einschränkungen klare, einfache Anweisungen und visuelle Unterstützung benötigen, um in Stresssituationen handlungsfähig zu bleiben (vgl. Lyu & Wang, 2025, S.9-10).

2.3.5. Optimierung der Evakuierungsmethoden

Um Evakuierungsprozesse für funktionell eingeschränkte Gruppen weiter zu verbessern, sind innovative Ansätze erforderlich. Dazu zählt die Erstellung einer Datenbank, die mithilfe von Wearables die Geschwindigkeit der Evakuierung erfasst, um realistische Planungen zu ermöglichen (vgl. Lyu & Wang, 2025, S.27). Ebenso wichtig ist die Berücksichtigung psychologischer Faktoren wie Stress und soziale Interaktionen, um die Reaktionen der Betroffenen in Notfallsituationen besser zu verstehen (vgl. Lyu & Wang, 2025, S.27). Die Integration intelligenter Navigationssysteme ermöglicht zudem eine dynamische Routenplanung für barrierefreie Fluchtwege (vgl. Lyu & Wang, 2025, S.28).

2.3.6. Anlagentechnische Anpassungen

Die Integration von Evakuierungsaufzügen zur Nutzung im Brandfall ermöglicht allen Menschen, einschließlich mobilitätseingeschränkter Personen, im Notfall sicher das Gebäude zu verlassen (vgl. Kone, 2025, Abs. 1). Taktile Leitsysteme für sehbehinderte Personen verbessern die Orientierung und Sicherheit im öffentlichen Raum, wobei die DIN 32984 Anforderungen an Bodenindikatoren und Leitelemente festlegt, um blinden und sehbehinderten Menschen die Orientierung zu erleichtern (vgl. nullbarriere.de, 2025, Abs. 1). Der Einsatz von Bodenindikatoren und weiteren taktilen Elementen ermöglicht es sehbehinderten Personen, potenzielle Fluchtwege zu ertasten und sich im Notfall sicher zu orientieren.

2.3.7. Organisatorische Maßnahmen

Schulungen für Evakuierungshelfer*innen beinhalten gezielte Trainingsprogramme, die dazu dienen, diese Personen dahingehend zu qualifizieren, sehbehinderte Menschen im Evakuierungsfall effektiv zu unterstützen (vgl. Haufe, 2025, Abs. 1).

Die Anpassung der Brandschutzordnung ist gemäß DIN 14096 von essentieller Wichtigkeit, da Brandschutzordnungen individuell an die jeweiligen Bedingungen und spezifischen Brandgefahren eines Gebäudes oder Betriebs angepasst werden müssen (vgl. FeuerTrutz, 2025, Abs. 1).

2.3.8. Potenzielle technische Innovationen für barrierefreie Evakuierung

Die Nutzung digitaler Zwillinge durch die Erstellung präziser 3D-Modelle von Gebäuden ermöglicht eine detaillierte Simulation und Optimierung von Fluchtwegen, wodurch eine effektive Planung von Evakuierungskonzepten deutlich erleichtert wird (vgl. DGWZ, 2025, Abs. 1).

Ein von Forscher*innen der Johns Hopkins University entwickeltes Navigationssystem basiert auf künstlicher Intelligenz und ist speziell für blinde und sehbehinderte Menschen konzipiert. Das System verwendet Tiefensensoren und Kameras, um Hindernisse zu erkennen und gibt visuelle, haptische sowie akustische Rückmeldungen zur Orientierung. Ein vibrierendes Stirnband und Sprachansagen erleichtern zusätzlich die Navigation (vgl. Johns Hopkins, 2025, Abs. 1).

Das System kombiniert haptisches, visuelles und auditives Feedback, um Hindernisse zu erkennen und den Nutzer*innen in Echtzeit zu führen (vgl. ProRetina, 2025, Abs.1).

Adaptive Fluchtweg-Systeme moderner Bauweise sind in der Lage, ihre Signalgebung dynamisch an die jeweilige Gefahrensituation anzupassen, beispielsweise durch die Integration von Live-Daten aus dem Gebäude. Dadurch wird eine situationsspezifische Steuerung der Personenströme ermöglicht und die Sicherheit während der Evakuierung deutlich erhöht (vgl. BS Brandschutz im Bauwesen, 2025, Abs. 1).

Im Folgenden erfolgt eine Untersuchung des aktuellen Stands unterstützender Technologien für Menschen mit Sehbehinderung. Dazu werden bestehende technologische Lösungen und Konzepte präsentiert, die bereits zur Unterstützung sehbehinderter Menschen entwickelt wurden. Diese Analyse bildet die Grundlage für die Betrachtung, wie KI-gesteuerte Smartphone-Apps gezielt zur Verbesserung der Flucht- und Rettungspläne eingesetzt werden könnten.

2.4. Barrierefreie Navigation

2.4.1. Unterstützende Technologien

Unterstützende Technologien für Menschen mit Sehbeeinträchtigungen spielen eine zentrale Rolle, um Barrieren im Alltag und insbesondere in Notfallsituationen zu überwinden. Dabei ist der Einsatz von Sprachsystemen, auditiven und haptischen Signalen von essenzieller Bedeutung, um ihnen eine sichere und unabhängige Navigation zu ermöglichen.

- **Sprachsysteme**

Sprachsysteme stellen eine Schlüsseltechnologie dar, welche es sehbehinderten und blinden Menschen ermöglicht mit ihrer Umgebung effektiv zu interagieren. Diese Systeme transformieren visuelle oder textbasierte Informationen in Sprache, wodurch insbesondere in komplexen oder unübersichtlichen Situationen eine wertvolle Unterstützung gewährleistet wird. In Notfallsituationen, in denen eine schnelle und präzise Orientierung von entscheidender Bedeutung ist, können Sprachsysteme den Nutzer*innen dabei helfen, wichtige Informationen wie Fluchtwege oder Sicherheitsanweisungen zu erfassen, ohne auf visuelle Hinweise angewiesen zu sein. Durch die Kombination mit anderen Technologien wie auditiven und haptischen Signalen können Sprachsysteme maßgeblich zur Barrierefreiheit beitragen und den betroffenen Personen mehr Sicherheit und Selbstständigkeit in kritischen Momenten bieten.

Sprachsysteme spielen eine zentrale Rolle in der Verarbeitung natürlicher Sprache und umfassen verschiedene Modelle und Technologien, die entwickelt wurden, um Sprache zu analysieren, zu verstehen und zu generieren.

Ein wesentlicher Aspekt dieser Systeme ist die statistische Sprachmodellierung, welche die Identifikation der zugrunde liegenden Muster und Strukturen in umfangreichen Textkorpora ermöglicht.

Die statistische Sprachmodellierung (SLM) zielt darauf ab, Regelmäßigkeiten in natürlicher Sprache zu erfassen, um die Leistung von Anwendungen zur Verarbeitung natürlicher Sprache zu verbessern (vgl. Rosenfeld, 2020, S.1270). Im Wesentlichen beschäftigt sich SLM mit der Analyse und Modellierung der Wahrscheinlichkeitsverteilung verschiedener sprachlicher Einheiten wie Wörter, Sätze und Dokumente, um eine genauere Vorhersage und Verarbeitung von Sprache zu ermöglichen (vgl. Rosenfeld, 2020, S.1270). Dies ist für viele Anwendungen von großem Nutzen.

Es gibt verschiedene Ansätze der statistischen Sprachmodellierung, die sich in ihrer Komplexität und ihren Anwendungsbereichen unterscheiden:

n-Gramm-Modelle gehören zu den einfachsten und am häufigsten verwendeten statistischen Sprachmodellen (vgl. Jurafsky & Martin, 2024, S.32). Sie berechnen die Wahrscheinlichkeit eines Wortes auf Basis der vorhergehenden n-1 Wörter (vgl. Jurafsky & Martin, 2024, S.32).

Zum Beispiel bezeichnet ein Bigramm eine Folge von zwei Wörtern, wie „Das Wasser“ oder „Wasser von“, während ein Trigramm eine Folge von drei Wörtern ist, wie „Das Wasser von“ (vgl. Jurafsky & Martin, 2024, S.32). Diese Modelle sind nützlich für die Vorhersage und Korrektur von Texten und können insbesondere für sehbehinderte Menschen hilfreich sein, indem sie die Texteingabe durch Sprachbefehle oder andere assistierende Technologien verbessern.

Hidden Markov Modelle (HMM) sind spezialisierte Zustandsraummodelle, in denen die latenten Variablen diskret sind. Genauer gesagt entspricht ein Zeitintervall des Modells einer Mischverteilung, deren Dichten durch p(x|z) definiert sind (vgl. Bishop, 2006, S.610). Im Gegensatz zu Standard-Mischmodellen hängt die Wahl der Mischkomponente für jede Beobachtung von der vorhergehenden Beobachtung ab (vgl. Bishop, 2006, S.610). HMMs finden Anwendung in der Spracherkennung und Sprachsynthese sowie in der Verarbeitung natürlicher Sprache und der Analyse biologischer Sequenzen wie DNA. Für sehbehinderte Menschen können HMMs die Genauigkeit von Spracherkennungssystemen verbessern.

Die Maximum-Entropie-Methode (MEM) besagt, dass von allen möglichen Lösungen eines schlecht gestellten Problems diejenige ausgewählt werden sollte, die die maximale Entropie aufweist. Die MEM wurde entwickelt, um mit unvollständigen oder verrauschten Daten umzugehen (vgl. Wu ,2012, S.1).

Neuronale Sprachmodelle (NLM) stellen eine Klasse von Modellen dar, welche maschinelles Lernen nutzen, um natürliche Sprache zu verarbeiten und semantische Zusammenhänge in Texten zu verstehen. Die Modelle können anhand großer Datenmengen trainiert werden, um Muster in der Sprache zu erkennen und Vorhersagen über Wörter oder Phrasen zu treffen (vgl. Prateek et al. ,2019, S.134).

Transformerbasierte Sprachmodelle stellen eine spezielle Art von Modellen dar, die sich in besonderem Maße für die Verarbeitung und Erzeugung natürlicher Sprache eignen und auf der Transformer-Architektur basieren (vgl. Stricker, 2024, S.393). Die Skalierung erfolgt durch Hinzufügen weiterer Schichten, wobei sich in der Praxis aufgrund von Herausforderungen wie Infrastruktur- und Kostenproblemen Schwierigkeiten ergeben. Für ein effektives Training ist die Verwendung großer, hochwertiger Datensätze erforderlich, was die Erstellung und Aufbereitung der Daten zu einer zusätzlichen Herausforderung macht (vgl. Stricker, 2024, S.393). Zu den bekanntesten transformerbasierten Sprachmodellen gehören GPT-3 (Generative Pre-trained Transformer 3) und BERT (Bidirectional Encoder Representations from Transformers) (vgl. Stricker, 2024, S.393).

Bedingte Zufallsfelder (engl. Conditional Random Fields, CRF) stellen eine Gruppe von klassischen Lernverfahren dar, welche zur Disfluenz-Erkennung zum Einsatz gelangen. Ihr Kernkonzept besteht in der Modellierung von Abhängigkeiten zwischen benachbarten Sequenzen innerhalb eines Textes (vgl. Weigelt, 2022, S.171).

Die Latente Semantische Analyse (LSA) stellt ein von T. K. Landauer entwickeltes Verfahren zur semantischen Analyse von Dokumentensammlungen dar. Es ermöglicht die Extraktion latenter Konzepte, wie relevanter Terme und Kookkurrenzen, aus Texten (vgl. Glück & Rödel, 2016, S.390).

Nachdem verschiedene Ansätze der statistischen Sprachmodellierung und deren Anwendungen im Bereich der natürlichen Sprachverarbeitung erörtert wurden, ist es ebenso von Bedeutung, Technologien zu beleuchten, die auditive Signale nutzen, um insbesondere Menschen mit Sehbehinderungen den Zugang zu Informationen zu erleichtern.

- **Auditive Signale**

Auditive Signale sind Klänge oder Geräusche, die dazu verwendet werden, Informationen über das Gehör zu vermitteln. Sie können aus verschiedenen akustischen Elementen bestehen, wie beispielsweise Tönen, Melodien oder anderen Klangereignissen, und dienen dazu, Daten und Informationen wahrnehmbar zu machen, insbesondere für Menschen mit Sehbehinderungen (vgl. Morat & Ziemer, 2018, S.75).

Auditive Signale spielen eine zentrale Rolle in der Unterstützung und Zugänglichkeit für sehbehinderte Menschen. Die folgenden Technologien und Systeme nutzen auditive Signale:

Screenreader stellt eine assistive Technologie dar, welche es sehbehinderten oder blinden Menschen ermöglicht, Inhalte auf einem Computerbildschirm zu erfassen und zu verstehen (vgl. Miesenberger et al. ,2008, S.798). Die Software interpretiert die grafische Benutzeroberfläche (GUI) und wandelt die angezeigten Informationen in hörbare Sprache oder Braille um.

Die Verwendung von Screenreadern stellt für sehbehinderte Nutzer von PCs und Smartphones eine entscheidende Komponente dar. Eine von WebAIM durchgeführte Umfrage unter 248 sehbehinderten Menschen ergab, dass 59,9 % der Befragten Bildschirmleseprogramme auf PCs und 58,1 % auf mobilen Geräten wie Tablets nutzen (vgl. Kakinouchi & Omote, 2023, S.2370).

Wichtige Merkmale eines Screen Readers umfassen Text-to-Speech (TTS), das den Text auf dem Bildschirm mit einer synthetischen Stimme vorliest (vgl. Taylor, 2009, S.2), Navigationsunterstützung, die die Navigation durch Anwendungen, Websites und Dokumente erleichtert (vgl. Hochschule Konstanz, 2024, Abs.1), Tastatursteuerung, die eine vollständige Bedienung ohne Maus ermöglicht (vgl. Hochschule Konstanz, 2024, Abs.1), Kompatibilität mit Braille-Geräten (vgl.

Blinden- und Sehbehindertenverein Westfalen e. V, 2024, Abs.1), die Text in Braille konvertiert und an Braille-Displays sendet, sowie Anpassbarkeit, die es Nutzern erlaubt, Sprachgeschwindigkeit, Tonhöhe und andere Einstellungen nach ihren individuellen Bedürfnissen zu gestalten.

Text-to-Speech (TTS) haben sich seit ihrer Einführung erheblich weiterentwickelt. Ursprünglich wurden sie als Vorlesesysteme für Blinde eingesetzt, bei denen mechanische Tonsysteme Texte aus Büchern in Sprache umwandelten (vgl. Taylor, 2009, S.2). Dies war für Blinde besonders wichtig, da alternative Möglichkeiten wie Braille-Schrift oder das Vorlesen durch eine Person oft nicht verfügbar waren (vgl. Taylor, 2009, S.2). Heute bieten hochentwickelte TTS-Systeme verbesserte Unterstützung für die Mensch-Computer-Interaktion, z. B. bei der Navigation in Windows-Systemen (vgl. Taylor, 2009, S.2).

Bekannte Screen Reader sind:

Die Software JAWS (Job Access With Speech) stellt für Menschen mit Sehbeeinträchtigungen eine wesentliche Unterstützung dar, da sie ihnen ermöglicht, ihre digitale Umgebung unabhängig zu navigieren und effizient zu arbeiten (vgl. Zaripour, 2024, Kapitel 1). Die intuitive Benutzeroberfläche sowie die anpassbaren Funktionen erlauben es Nutzer*innen, grundlegende Aufgaben wie das Erstellen von Dokumenten und das Verwalten von E-Mails ohne Schwierigkeiten zu bewältigen.

NonVisual Desktop Access (NVDA) ist eine kostenlose Screenreader-Software, welche sehbehinderten und blinden Benutzer*innen die Interaktion mit dem Windows-Betriebssystem sowie zahlreichen Drittanbieteranwendungen ermöglicht (vgl. Antona & Stephanidis, 2019, S.272).

Die Technik des Voice-over bezeichnet eine Erzählform, bei der die Stimme eines unsichtbaren Erzählers über Bilder gelegt wird, um Informationen oder Emotionen zu vermitteln. Der Erzähler bleibt dabei unsichtbar. Diese Technik findet häufig in Filmen, Dokumentationen und Fernsehsendungen Anwendung und kann sowohl von sichtbaren Figuren als auch von spezialisierten Sprecher*innen realisiert werden (vgl. Franco, Matamala & Orero, 2010, S.18).

TalkBack ist ein einfacher Bildschirmleser, der auf dem Sprachsynthesizer von Android-Mobilgeräten basiert. Er stellt Benutzer*innen Informationen über ihre Position innerhalb der grafischen Oberfläche bereit und informiert sie zudem über Ereignisse, die bei der Interaktion mit dem Bildschirm auftreten. Dadurch wird die Bedienung des Geräts erleichtert (vgl. Robles et al., 2019, S.86).

Während auditive Signale eine zentrale Rolle bei der Informationsübermittlung und der Unterstützung von Menschen mit Sehbehinderungen spielen, sind haptische Signale ebenso entscheidend, da sie durch Berührung und taktile Wahrnehmung nicht nur die Interaktion mit der Umwelt ermöglichen, sondern auch tiefere emotionale und soziale Verbindungen schaffen.

- **Haptische Signale**

Unter haptischen Signalen werden taktile Informationen verstanden, welche durch Berührung, Druck und Bewegung vermittelt werden. Sie spielen eine entscheidende Rolle in der zwischenmenschlichen Kommunikation sowie in der Interaktion mit der Umwelt (vgl. Kern, 2009, S.7).

Im Folgenden werden einige konkrete Beispiele für Technologien präsentiert, die haptische Wegweisung für sehbehinderte Personen nutzen.

Navigation und Orientierung:

Das Sunu Band ist ein intelligentes Armband, welches Ultraschalltechnologie verwendet, um blinden und sehbeeinträchtigten Personen bei der Orientierung zu assistieren (vgl. Dickinson, Trillo & Crossland, 2022, S.206). Dazu werden nahe Objekte durch Vibration identifiziert, um Kollisionen zu vermeiden. Das Gerät wird am Handgelenk getragen und bietet neben seinen Navigationsfunktionen auch die Eigenschaften einer intelligenten Uhr, sodass eine sichere Exploration der Umgebung gewährleistet ist (vgl. Dickinson, Trillo & Crossland, 2022, S.206).

Der WeWalk Smart Cane stellt ein technologisches Hilfsmittel dar, welches die Mobilität und Unabhängigkeit von blinden und sehbehinderten Menschen erhöht. Dies erfolgt mittels eines integrierten GPS-Systems, welches eine Turn-by-Turn-Navigation über ein Smartphone ermöglicht (vgl. Bell & Gifford, 2023, S.91).

Des Weiteren ist der Stock mit öffentlichen Verkehrsmitteln kompatibel und ermöglicht akustische Benachrichtigungen. Das integrierte Touchpad wiederum erlaubt den Zugriff auf Bedienelemente und Lautsprecherfunktionen (vgl. Bell & Gifford, 2023, S.91).

Zur Gewährleistung der Sicherheit ist der WeWalk Smart Cane mit einer Laser-Technologie ausgestattet, welche niedrig hängende Hindernisse erkennt und durch eine Vibrationsfunktion darauf hinweist (vgl. Bell & Gifford, 2023, S.91).

Taktile Zielroutenkarten sind ein weiteres Hilfsmittel für sehbehinderte Menschen im Bereich der Navigation und Orientierung und wird nach der DIN 32989 wie folgt definiert.

> *„Informationstafeln oder -karten, die blinden oder sehbehinderten Menschen Standortinformationen im Innen- und Außenbereich von Gebäuden vermittelt [sic!], einschließlich der Karten für die allgemeine Öffentlichkeit, den öffentlichen Personennahverkehr und Parks, wahrnehmbar zum Beispiel durch erhöhte Linien und/oder erhöhte oder vertiefte Oberflächen, Tastmarken, Blindenschrift und/oder erhabener Profilschrift und/oder Großdruck"* (bfb-barrierefrei-bauen.de, 2024, Abs.1).

Taktile Zielroutenkarten erweisen sich für Menschen mit Sehschwäche als außerordentlich vorteilhaft, da sie eine taktile Erfahrung der Orientierung innerhalb eines Gebäudes oder Geländes ermöglichen (vgl. Stapelkamp, 2012, S.324). Eine zusätzliche Ausstattung der Karten mit akustischen Informationen und Braille-Schrift ist möglich, um detaillierte Beschreibungen der Umgebung bereitzustellen und die Zugänglichkeit weiter zu optimieren (vgl. Stapelkamp, 2012, S.324).

Assistive Technologien

Braille-Displays nutzen haptische Signale, um Text in Braille darzustellen. Eine elektronische Braillezeile, deren Inhalte sich aktualisieren lassen, ermöglicht es blinden oder sehbehinderten Nutzer*innen, Informationen, die auf dem Computerbildschirm angezeigt werden, in taktiler Brailleschrift zu lesen. Dazu werden elektronische Signale in die entsprechenden Braille-Zellen umgewandelt, die aus kleinen Stiften bestehen, welche sich je nach Inhalt bewegen (vgl. Koenig & Holbrook, 2000, S.511). Ein wesentlicher Aspekt der unterstützenden Technologien stellen spezialisierte Smartphone-Apps dar, welche bereits gegenwärtig eine Vielzahl an Funktionen zur barrierefreien Navigation bereitstellen und es sehbehinderten Menschen ermöglichen, sich in ihrer Umgebung sicher und selbstständig zu orientieren.

2.4.2. Smartphone - Apps

Für Menschen mit Sehbeeinträchtigungen existiert eine Vielzahl an speziell entwickelten Apps, die ihnen im Alltag behilflich sein können. Im Folgenden werden einige weit verbreitete und praxisbewährte Anwendungen vorgestellt.

- **Überblick zu bestehenden Smartphone -Apps**

Die GPS-Applikation BlindSquare (siehe Abbildung 7) findet insbesondere bei blinden und sehbehinderten Menschen breite Anwendung (vgl. BlindSquare, 2024, Abs.1). Sie ermöglicht die akustische Beschreibung der Umgebung sowie die Ansage wichtiger Punkte wie Straßenkreuzungen und Points of Interest (POIs) (vgl. BlindSquare, 2024, Abs.1). Die Anwendung nutzt die GPS-Funktion des Gerätes sowie Daten von Foursquare und OpenStreetMap, um relevante Informationen zur Umgebung zu ermitteln. Die Anwendung bietet eine Sprachausgabe, welche es den Nutzer*innen ermöglicht, sich sicher und unabhängig fortzubewegen, sowie gespeicherte Orte und Ziele einfach wiederzufinden (vgl. BlindSquare, 2024, Abs.1).

Die Funktionsweise der Anwendung basiert auf der Bestimmung des aktuellen Standortes der Nutzer*innen mittels GPS, gefolgt von der Abfrage von Informationen aus Foursquare und OpenStreetMap (vgl. BlindSquare, 2024, Abs.1). Mithilfe spezieller Algorithmen werden die relevanten Daten aus den genannten Quellen extrahiert und über eine künstliche Sprachausgabe ausgegeben (vgl. BlindSquare, 2024, Abs.1). Die Anzeige der nächsten Kreuzung oder gespeicherter Orte kann zudem durch eine manuelle Interaktion, beispielsweise durch Schütteln des Geräts oder die Verwendung eines Headsets, initiiert werden, wodurch eine manuelle Navigation über die Benutzeroberfläche vermieden wird (vgl. BlindSquare, 2024, Abs.1).

BlindSquare hat einige Nachteile, unter anderem werden Querstraßen und Parallelstraßen an Kreuzungen nicht angezeigt. Außerdem können die Anweisungen schwer zu verstehen sein, wenn mehrere Navigationsanwendungen gleichzeitig verwendet werden (vgl. Andelfinger & Hänisch, 2014, S.81).

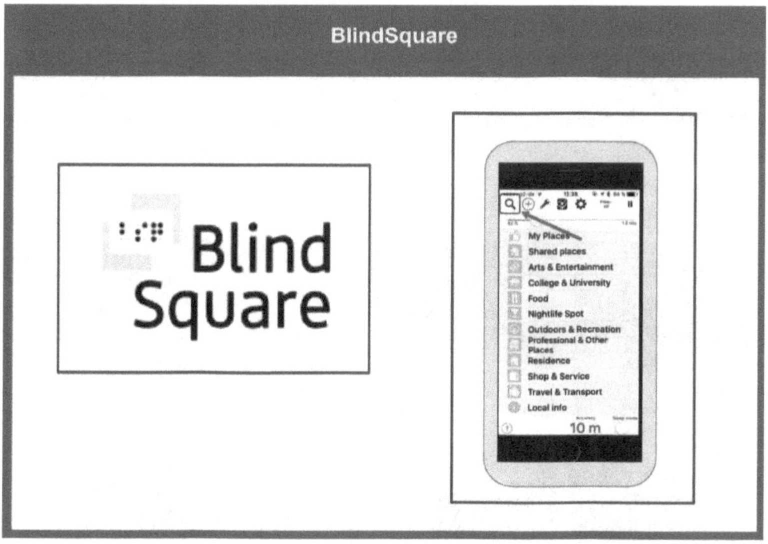

Abbildung 7: BlindSquare
Quelle: (eigene Darstellung in Anlehnung an BlindSquare, 2024, Abs.1).

Nach der Beschreibung der GPS-basierten Navigationshilfe BlindSquare, die blinden und sehbehinderten Menschen eine sichere Orientierung im öffentlichen Raum ermöglicht, folgt nun die Vorstellung der Anwendung Seeing AI, die durch künstliche Intelligenz vielfältige Informationen über die visuelle Umgebung bereitstellt und damit die Teilhabe am Alltag weiter verbessert.

Seeing AI ist eine von Microsoft entwickelte Applikation, welche speziell für blinde und sehbehinderte Menschen konzipiert wurde (vgl. Microsoft, 2024, Abs.1). Die Anwendung nutzt die Möglichkeiten der künstlichen Intelligenz (KI), um Objekte, Text, Personen und sogar Währungen zu erkennen und zu beschreiben (vgl. Microsoft, 2024, Abs.1). Die Kamera des Smartphones wird von der App genutzt, um Gesichter zu erkennen, Emotionen und das Alter der Personen einzuschätzen sowie Szenen und Produkte zu identifizieren (vgl. Microsoft, 2024, Abs.1).

Die Funktionalität der App (siehe Abbildung 8) umfasst das Vorlesen kurzer Texte direkt aus dem Kamerabild, das Scannen und Vorlesen von Dokumenten sowie das Erkennen von Barcodes mit akustischen Hinweisen. Durch die Umwandlung der visuellen Welt in eine hörbare Erfahrung ermöglicht Seeing AI blinden und sehbehinderten Menschen eine verbesserte Orientierung im Alltag (vgl. Microsoft, 2024, Abs.1).

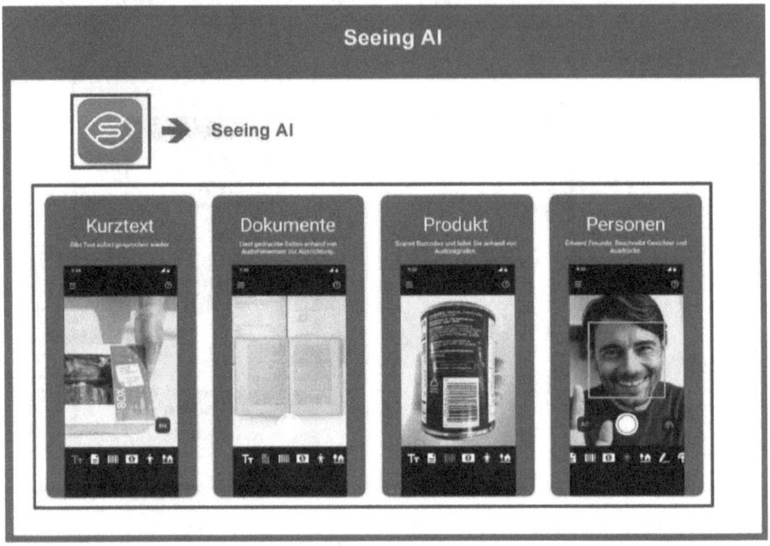

Abbildung 8: Seeing AI
Quelle: (eigene Darstellung in Anlehnung an Google Play, 2024, Abs.1).

Nach der Beschreibung von Seeing AI, einer KI-gestützten App, die blinden und sehbehinderten Menschen visuelle Unterstützung bietet, folgt nun die Vorstellung von Be My Eyes, einer Anwendung, die auf menschliche Freiwillige setzt, um sehbeeinträchtigten Nutzer*innen in Echtzeit bei alltäglichen Aufgaben zu helfen.

Die Anwendung "Be My Eyes" (siehe Abbildung 9) wurde mit dem Ziel entwickelt, blinden und sehbehinderten Menschen im Alltag zu assistieren (vgl. BeMyEyes, 2024, Abs.1). Die Applikation fungiert als Schnittstelle, welche sehbeeinträchtigte Nutzer*innen mit freiwilligen Helfern*innen aus aller Welt verbindet (vgl. BeMyEyes, 2024, Abs.1). Die Anwendung ermöglicht die Durchführung von Live-Videoanrufen, über welche sehende Freiwillige blinden Nutzer*innen bei der Bewältigung diverser Aufgaben assistieren können. Dies umfasst beispielsweise die Erkennung von Farben, die Prüfung der Anwesenheit von Licht sowie das Lesen von Etiketten (vgl. BeMyEyes, 2024, Abs.1).

Die Funktionsweise der App basiert auf folgendem Prinzip: Sobald ein*e blinde*r oder sehbehinderte*r Nutzer*in Unterstützung benötigt, wird eine Nachricht an mehrere Freiwillige übermittelt (vgl. BeMyEyes, 2024, Abs.1). Der*die erste Freiwillige, der*die antwortet, wird mit der/dem Nutzer*in verbunden und erhält eine Videoübertragung von der Kamera von der/dem Nutzer*in. Durch diese Verbindung können sie gemeinsam das Problem lösen, während sie über die Sprachverbindung kommunizieren. Die App ist kostenlos und sowohl für iOS als auch Android verfügbar (vgl. BeMyEyes, 2024, Abs.1).

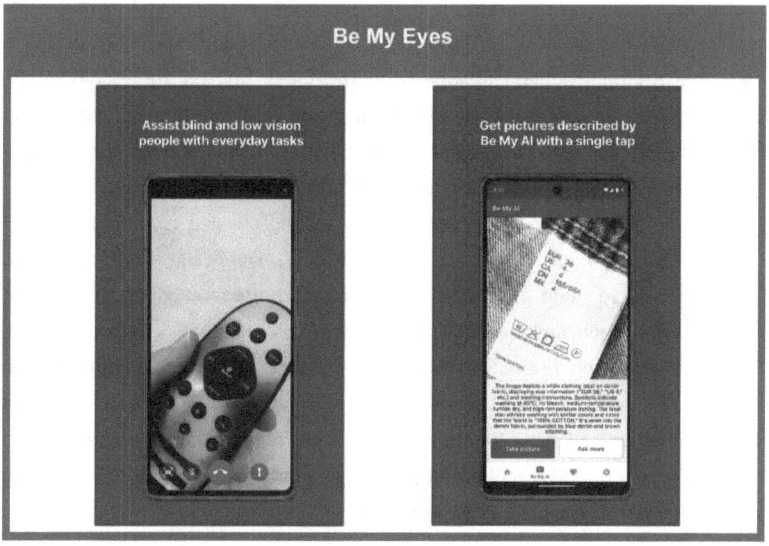

Abbildung 9: Be My Eyes
Quelle: (eigene Darstellung in Anlehnung an play.google, 2024, Abs.1).

Nach der detaillierten Beschreibung der Funktionen von Be My Eyes, das sehbeeinträchtigten Menschen durch Live-Videoanrufe Unterstützung durch freiwillige Helfer*innen weltweit bietet, widmet sich der folgende Abschnitt weiteren Assistenz-Apps, die den Alltag von Menschen mit Sehbehinderungen erleichtern. Ariadne GPS ist eine speziell entwickelte Navigations- und Orientierungs-App für blinde und sehbehinderte Menschen, die zahlreiche innovative Funktionen bietet, um eine sichere und unabhängige Mobilität im Alltag zu unterstützen (siehe Abbildung 10). Die App nutzt die Technologie des Global Positioning Systems (GPS), um den Standort der Nutzer*innen präzise zu bestimmen und kontinuierlich Informationen über die Umgebung bereitzustellen. Hierzu gehören unter anderem Angaben zu Straßen, Hausnummern und Veränderungen in der Umgebung, die während des Gehens erfasst und per Sprachausgabe, Vibrationshinweis oder Ton an die Nutzer*innen weitergegeben werden (vgl. Ariadne GPS Mobility and map exploration for all, 2024, Abs. 1). Eine besonders hilfreiche Funktion von Ariadne GPS ist die Möglichkeit, bevorzugte Orte zu speichern und beim Annähern an diese Orte eine automatische Benachrichtigung zu erhalten. Diese

Annäherungswarnung wird über verschiedene Kanäle wie Ton, Vibration oder eine VoiceOver-Sprachausgabe signalisiert und hilft den Nutzer*innen, wichtige Standorte im Alltag, wie das Zuhause, Geschäfte oder Haltestellen, leicht wiederzufinden (vgl. Ariadne GPS Mobility and map exploration for all, 2024, Abs. 1). Die Anwendung geht zudem über klassische GPS-Funktionen hinaus, indem sie eine innovative Möglichkeit bietet, Karten durch Berührung zu erkunden. Diese haptische Kartennavigation erlaubt es Nutzer*innen, mit dem Finger über die Bildschirmkarte zu fahren, während die App automatisch die Straßennamen und Hausnummern in Echtzeit vorliest. So können sehbehinderte Menschen eine mentale Karte ihrer Umgebung erstellen, ohne dabei auf visuelle Kartenansichten angewiesen zu sein, die für sie oft schwer zugänglich sind (vgl. Ariadne GPS Mobility and map exploration for all, 2024, Abs. 1). Durch die Kombination aus GPS-Technologie und berührungsgesteuerter Kartenerkundung ermöglicht Ariadne GPS einen umfassenden Zugang zu Informationen, die Menschen mit Sehbeeinträchtigungen häufig vorenthalten bleiben. Die App unterstützt ihre Nutzer*innen dabei, die Umgebung eigenständig zu erkunden und ein verbessertes räumliches Verständnis zu entwickeln, was die persönliche Unabhängigkeit und Mobilität im Alltag deutlich stärkt (vgl. Ariadne GPS Mobility and map exploration for all, 2024, Abs. 1).

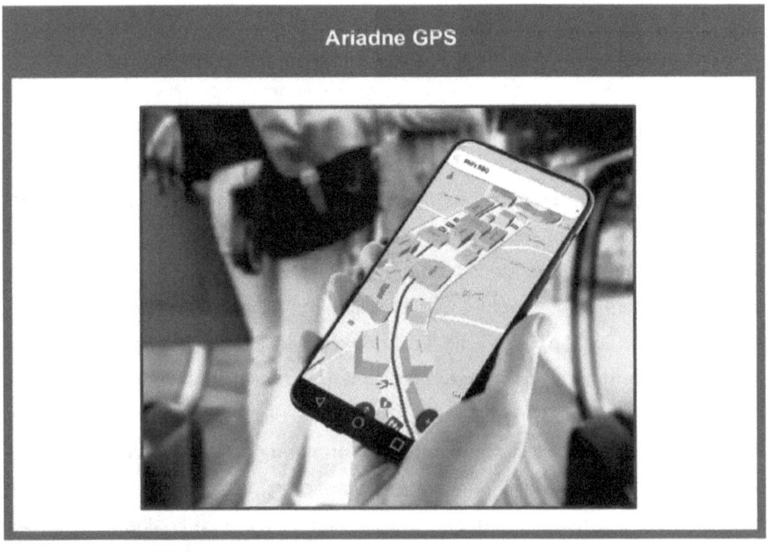

Abbildung 10: Ariadne GPS
Quelle: (eigene Darstellung in Anlehnung an ariadne connecting the dots, 2024, Abs.1.)

Im Anschluss an die detaillierte Beschreibung von Ariadne GPS, die blinden und sehbehinderten Menschen eine sichere Orientierung durch GPS-basierte Funktionen und haptische Kartenerkundung bietet, wird nun die Lazarillo-App vorgestellt, welche durch Echtzeit-Sprachnachrichten ebenfalls eine zuverlässige Navigation in verschiedenen Umgebungen ermöglicht.

Die Lazarillo-App stellt eine intelligente Anwendung für blinde und sehbehinderte Menschen dar (siehe Abbildung 11), welche die Nutzer*innen mittels Echtzeit-Sprachnachrichten durch ihre Umgebung navigiert – sowohl im Innen- als auch im Außenbereich (vgl. lazarillo app, 2024, Abs.1). Die Anwendung ermöglicht es Nutzer*innen, Orte sicher und effizient zu erkunden. Dazu werden Audionachrichten über die Umgebung, wie Straßen, Kreuzungen, Restaurants und Geschäfte, bereitgestellt. Nutzer*innen können zudem gezielt nach bestimmten Orten suchen und Routen mit Schritt-für-Schritt-Anweisungen erstellen. Auch das Speichern von Favoriten ist möglich, um diese später leicht wiederzufinden (vgl. lazarillo app, 2024, Abs.1).

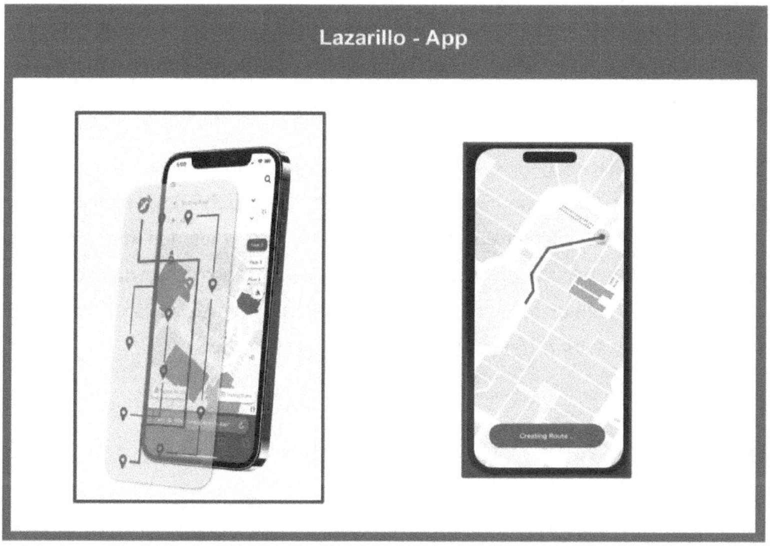

Abbildung 11: Lazarillo App
Quelle: (eigene Darstellung in Anlehnung an Lazarillo app, 2024, Abs.1).

Ergänzend zur Lazarillo-App, die blinde und sehbehinderte Menschen mittels Echtzeit-Sprachnachrichten sicher durch ihre Umgebung führt, erweitert die Lookout-App die Unterstützung durch maschinelles Sehen und künstliche

Intelligenz und erleichtert so vielfältige alltägliche Aufgaben, wodurch die Unabhängigkeit der Nutzer*innen weiter gefördert wird.

Die Anwendung von maschinellem Sehen und generativer künstlicher Intelligenz durch die App Lookout (siehe Abbildung 12) verfolgt das Ziel, Menschen mit eingeschränktem Sehvermögen gezielt bei der Bewältigung alltäglicher Herausforderungen zu unterstützen und ihnen damit mehr Unabhängigkeit und Selbstständigkeit im Alltag zu ermöglichen. Dies erfolgt durch die Bereitstellung von visuellen Informationen, die für die Nutzer*innen von besonderem Nutzen sind (vgl. Google Play, 2024 Abs. 1). Die Funktionsweise der App basiert auf einer fortschrittlichen Verarbeitung visueller Daten, welche durch die Kamera des Smartphones erfasst werden. Die Analyse der Bilddaten erfolgt in Echtzeit, sodass Nutzer*innen umfangreiche Informationen über die Umgebung bereitgestellt werden können

Die Anwendung „Lookout" bietet verschiedene Assistenzfunktionen, die auf unterschiedliche Alltagssituationen abgestimmt sind. Sie kann sowohl gedruckte als auch handschriftliche Texte erkennen und vorlesen. Zudem unterstützt die App beim Sortieren von Post und anderen Unterlagen durch intelligente Texterkennung.

Ein weiteres Einsatzgebiet ist die Organisation von Einkäufen. „Lookout" identifiziert Produkte und deren Etiketten, wodurch Lebensmittel und Alltagsgegenstände leichter unterschieden und einsortiert werden können. Durch ihre auf maschinellem Sehen basierenden Funktionen trägt die App dazu bei, dass Menschen mit Sehbeeinträchtigungen alltägliche Aufgaben eigenständig und ohne fremde Hilfe bewältigen können (vgl. Google Play, 2024, Abs. 1).

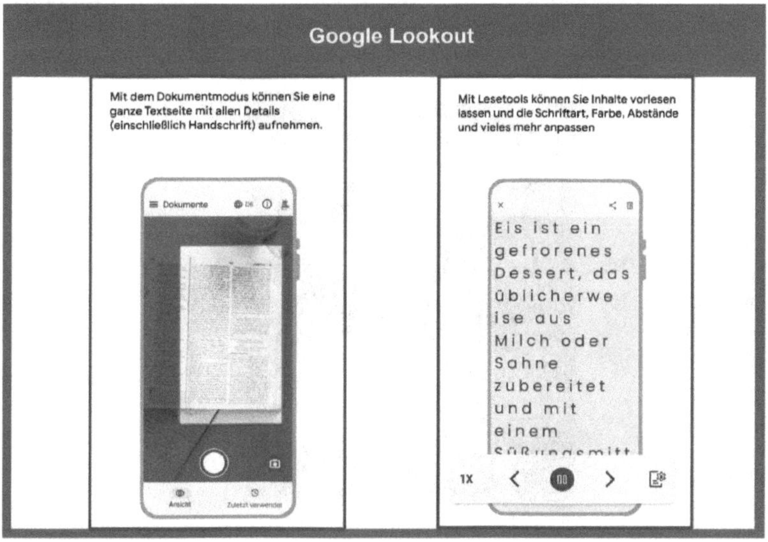

Abbildung 12: Google Lookout
Quelle: (eigene Darstellung in Anlehnung an Google Play Lookout, 2024, Abs.1).

Neben der visuellen Unterstützung durch die Lookout-App, die Menschen mit Sehbeeinträchtigungen visuelle Informationen zu ihrer Umgebung bietet, ergänzt die Voice Dream Reader-App das Spektrum der Alltagshilfen durch eine leistungsfähige Text-zu-Sprache-Funktion, die es ermöglicht, verschiedenste Texte in natürliche Sprachausgabe umzuwandeln.

Die Text-zu-Sprache-Applikation "Voice Dream" ermöglicht es Nutzer*innen, eine Vielzahl von Texten in natürlich klingende Sprachausgabe zu konvertieren (vgl. Voice Dream Reader, 2024, Abs.1). Die Anwendung verfügt über mehr als 200 hochwertige Stimmen, die sich durch verschiedene Akzente und Dialekte auszeichnen. Durch den Einsatz künstlicher Intelligenz werden diese noch realistischer wiedergegeben. Die App unterstützt eine Vielzahl an Dateiformaten, darunter PDFs, E-Books und Webseiten. Inhalte können offline angehört werden, was schnelle Ladezeiten und den Schutz der Privatsphäre gewährleistet (vgl. Voice Dream Reader, 2024, Abs.1).

Voice Dream Reader (siehe Abbildung 13) kann besonders nützlich für sehbehinderte Menschen sein. Die Software ermöglicht die Umwandlung von Text in Sprache, sodass eine Vorlesung durch den Computer erfolgen kann.

Abbildung 13: Voice Dream Reader
Quelle: (eigene Darstellung in Anlehnung Voice Dream Reader,2024, Abs.1).

Im Anschluss an die Darlegung der Funktionalitäten des Voice Dream Reader, welcher blinde und sehbehinderte Menschen beim Zugang zu Textinhalten durch Vorlesefunktionen unterstützt, erfolgt nun die Vorstellung von Seeing Assistant Home, einer Applikation, welche über die zuvor genannten Funktionen hinaus eine Vielzahl von Alltagshilfen bereitstellt und Menschen mit Sehbeeinträchtigungen in unterschiedlichen Lebensbereichen praktische Unterstützung ermöglicht.

Die speziell entwickelte App "Seeing Assistant Home" bietet blinden und sehbehinderten Menschen eine Vielzahl von Funktionen und Modulen, welche sie im Alltag unterstützen (siehe Abbildung 14). Die Applikation nutzt fortschrittliche Technologien, um Informationen über die Umgebung sowie zu Objekten und Texten bereitzustellen, die für sehbehinderte Nutzer*innen u häufig nur schwer zugänglich sind (vgl. Seeing Assistant, 2024, Abs. 1).

Des Weiteren bietet die Applikation die Option, individuelle Etiketten für Barcodes und QR-Codes zu kreieren. Dies erlaubt den Nutzer*innen, persönliche Gegenstände wie Medikamente, Haushaltswaren oder Kleidung zu kennzeichnen, wodurch eine erleichterte Wiedererkennung sowie ein erleichtertes Sortieren dieser Gegenstände im Alltag ermöglicht wird (vgl. Seeing Assistant, 2024, Abs. 1). Ein weiteres Modul der App, das als hilfreich zu erachten ist, stellt die digitale

Lupe dar. Die Funktion der Vergrößerung von Texten und Objekten in Echtzeit sowie die Anpassung von Kontrast und Helligkeit dienen der Gewährleistung einer optimalen Lesbarkeit. Die digitale Lupe erweist sich insbesondere beim Lesen von Kleingedrucktem auf Verpackungen, beim Prüfen von Preisschildern sowie beim Erkennen von Details auf Dokumenten, die ansonsten nur schwer lesbar wären, als überaus nützlich. Für den Alltag bietet Seeing Assistant Home darüber hinaus die Möglichkeit, eine Lichtquelle zu detektieren. Die Funktion erkennt, ob eine Lichtquelle in der Umgebung aktiviert ist, und informiert die Nutzer*innen entsprechend. Dies ist insbesondere für das Bedienen von Lampen oder das Vermeiden unnötiger Lichtquellen von Vorteil (vgl. Seeing Assistant, 2024, Abs. 1). Des Weiteren verfügt die Anwendung über eine praktische Funktion, welche eine Farberkennung ermöglicht. Die Erkennung und Ansage von Farben unterstützen blinde und sehbehinderte Menschen dabei, Kleidungsstücke aufeinander abzustimmen und Wäsche effizient nach Farben zu sortieren. Die farbliche Abstimmung von Kleidungsstücken fördert die Selbstständigkeit und das Wohlbefinden im Alltag. Die vielfältigen Funktionen des Seeing Assistant Home tragen maßgeblich zur Verbesserung der Lebensqualität von Menschen mit Sehbehinderungen bei, indem sie ihre Autonomie und die Fähigkeit, alltägliche Aufgaben eigenständig zu bewältigen, unterstützen (vgl. Seeing Assistant, 2024, Abs. 1).

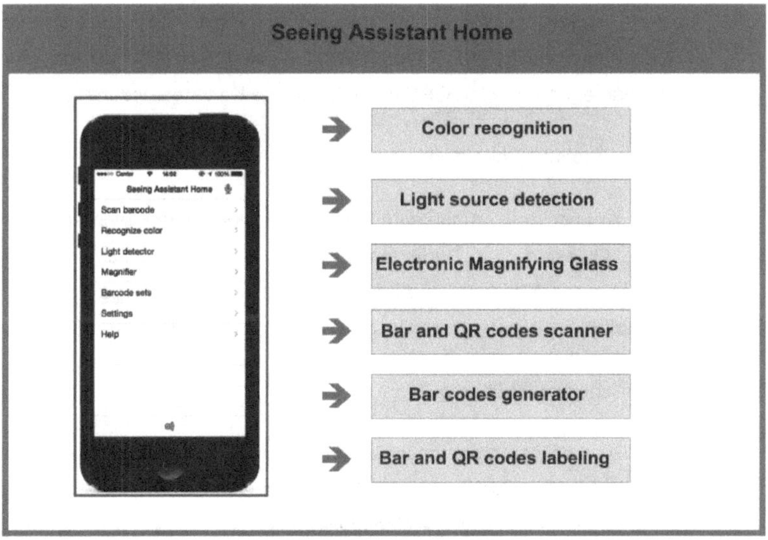

Abbildung 14: Seeing Assistant Home
Quelle: (eigene Darstellung in Seeing Assistant, 2024, Abs.1).

Zusammengefasst zeigt die Recherche zu bestehenden Smartphone-Apps für blinde und sehbehinderte Menschen folgende zentrale Gemeinsamkeiten und Unterschiede.

- **Gemeinsamkeiten**

Alle Apps zielen darauf ab, die Selbstständigkeit und Sicherheit im Alltag zu erhöhen, indem sie visuelle Informationen in hörbare oder tastbare Signale umwandeln. Sie nutzen innovative Technologien wie GPS, künstliche Intelligenz oder menschliche Freiwillige, um die Umgebung wahrnehmbarer zu machen und alltägliche Aufgaben zu erleichtern. Besonders die Navigation und Orientierung im öffentlichen Raum sowie die Unterstützung bei der Identifikation von Objekten, Texten und Farben stellen zentrale Funktionen vieler Apps dar.

- **Unterschiede**

Die Apps unterscheiden sich in ihrem Anwendungsfokus und den eingesetzten Technologien:

- Navigation

  BlindSquare, Ariadne GPS und Lazarillo konzentrieren sich auf die GPS-basierte Navigation. Während BlindSquare und Lazarillo hauptsächlich im Außenbereich navigieren, bietet Lazarillo zusätzlich Unterstützung für Innenräume, und Ariadne GPS bietet haptische Kartenerkundung.

- Visuelle Erkennung durch KI

  Seeing AI und Lookout nutzen künstliche Intelligenz zur Erkennung von Texten, Objekten und Personen. Seeing AI erkennt unter anderem Emotionen und Alter, während Lookout sich auf haushaltsnahe Aufgaben konzentriert, wie das Sortieren von Post oder das Erkennen von Etiketten.

- Menschliche Unterstützung

  Be My Eyes hebt sich ab, indem es sehbeeinträchtigte Nutzer*innen über Videoanrufe mit Freiwilligen verbindet, die bei spezifischen Aufgaben wie der Farbidentifikation helfen – eine besonders flexible Unterstützung, wenn technische Erkennungslösungen nicht ausreichen.

- Text-zu-Sprache-Funktionen

  Voice Dream Reader ist auf das Vorlesen digitaler Inhalte spezialisiert und unterstützt diverse Textformate, was sie für regelmäßiges Arbeiten mit Texten besonders nützlich macht.

- Haushalt und Alltagshilfe

  Seeing Assistant Home bietet Funktionen wie eine digitale Lupe, Farberkennung und das Kennzeichnen von Gegenständen, um alltägliche Haushaltsaufgaben zu erleichtern und Objekte besser zu organisieren.

Insgesamt bieten die Apps ein vielseitiges Unterstützungsspektrum für Navigation, Objekterkennung und spezifische Alltagsaufgaben – jede auf ihre Weise, angepasst an die individuellen Bedürfnisse blinder und sehbehinderter Menschen.Viele dieser Apps basieren bereits auf KI-Technologien, deren Potenzial durch maschinelles Lernen stetig erweitert wird.

2.4.3. KI - Systeme und maschinelles Lernen

Künstliche Intelligenz (KI) bezeichnet eine Reihe sich dynamisch entwickelnder Technologien, die in der Lage sind, Prognosen zu verbessern, Abläufe zu optimieren, Ressourcen effizient zuzuweisen und Dienste zu personalisieren (vgl. Europäische Kommission, 2021, Abs.1). Sie entfaltet ihr Potenzial über ein breites Spektrum industrieller und gesellschaftlicher Anwendungen hinweg und kann sowohl wirtschaftlichen als auch sozialen und ökologischen Nutzen stiften (vgl. Europäische Kommission, 2021, Abs.1). Gleichzeitig birgt der Einsatz von KI auch neue Risiken für Individuen und Gesellschaft, weshalb ein ausgewogener, grundrechtskonformer Umgang auf europäischer Ebene angestrebt wird (vgl. Europäische Kommission, 2021, Abs.1). Während die Europäische Kommission vor allem den gesellschaftlichen Nutzen, die Risiken und den regulatorischen Rahmen von KI betont, liefert die OECD eine eher technikorientierte Beschreibung der Funktionsweise eines KI-Systems. Laut OECD besteht ein KI-System typischerweise aus Sensoren, die Daten aus der Umgebung sammeln, einer operativen Logik, die diese Daten verarbeitet, und Aktoren, die auf die Umgebung einwirken, um ein bestimmtes Ziel zu erreichen (siehe Abbildung 15).

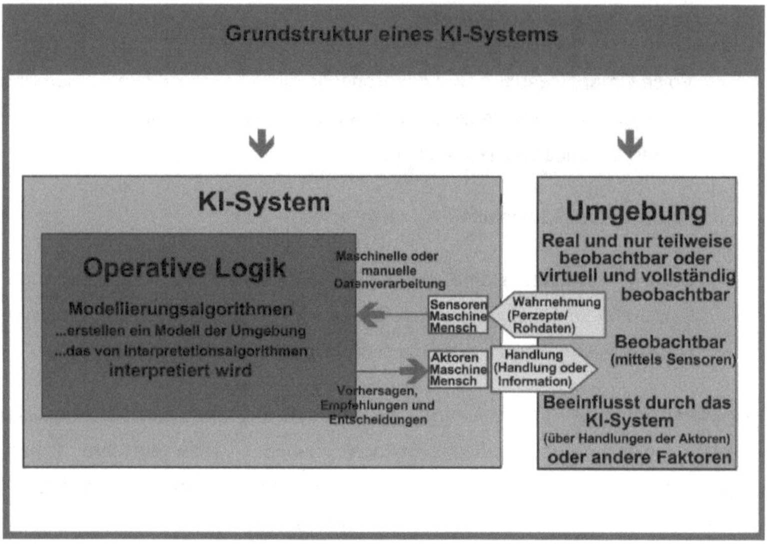

Abbildung 15: Grundstruktur eines KI-Systems
Quelle: (eigene Darstellung in Anlehnung an OECD, 2020, S.23).

Es gibt verschiedene Beispiele für KI-Systeme, unter anderem den Assistenten für Sehbehinderte. Ein Assistent für Sehbehinderte zeigt, wie maschinelle Systeme die Umwelt beeinflussen (vgl. OECD, 2020, S.25). Er hilft Nutzer*innen, bestimmte Ziele zu erreichen, z. B. sich fortzubewegen, indem er Empfehlungen zum Umfahren von Hindernissen oder zum Überqueren von Straßen gibt. Dazu wird zunächst die Umgebung mit einer Kamera erfasst und mit Hilfe von Objekterkennungsalgorithmen werden wichtige Elemente wie Ampeln oder Hindernisse erkannt (vgl. OECD, 2020, S.23). Auf Basis dieser Informationen gibt der Assistent Handlungsempfehlungen, zum Beispiel in Form von Audiobeschreibungen. Auf diese Weise unterstützt er Nutzer*innen bei der Entscheidung über ihr Verhalten (vgl. OECD, 2020, S.23).

Der Einsatz von KI-Systemen, wie etwa Assistenzsystemen für Sehbehinderte, demonstriert bereits heute, wie maschinelle Systeme die Umwelt analysieren und den Nutzer*innen durch gezielte Empfehlungen assistieren können. Diese Prinzipien lassen sich auf sicherheitskritische Anwendungen übertragen, in denen Feedforward-Netzwerke zur Mustererkennung von besonderem Wert sind, beispielsweise zur frühzeitigen Identifikation von Anomalien in Notfallsituationen wie Bränden.

Für sicherheitskritische Anwendungen, wie sie in Notfallsystemen vorkommen, ist die Fähigkeit von Feedforward-Netzwerken zur Mustererkennung besonders nützlich. Diese Netzwerke können beispielsweise verwendet werden, um Anomalien in Sensordaten zu erkennen, was in Notfallszenarien wie Bränden oder anderen Katastrophen wichtig ist.

Feedforward-Netzwerke zur Mustererkennung

Die Funktionsweise von Feedforward-Netzwerken basiert auf der Erkennung von Mustern in Daten durch die Verarbeitung von Eingabedaten und die anschließende Klassifikation. Diese Art von Netzwerken eignet sich in besonderem Maße für die Bild- und Objekterkennung, was sie zu einer wertvollen Komponente in sicherheitskritischen Systemen macht, in denen eine schnelle und zuverlässige Mustererkennung erforderlich ist (vgl. Radig, 2013, S.57).

Convolutional Neural Networks (CNNs)

CNNs sind für die Bild- und Videoanalyse unverzichtbar. Besonders wertvoll sind sie in sicherheitskritischen Anwendungen wie der Videoüberwachung oder der Echtzeiterkennung von Gefahrensituationen.

Convolutional Neural Networks (CNNs) sind neuronale Netze, die speziell für die Verarbeitung von Bilddaten eingesetzt werden. Sie lernen direkt aus den Bilddaten, wodurch die manuelle Extraktion von Merkmalen entfällt, die bei herkömmlichen tiefen neuronalen Netzen erforderlich ist. Aufgrund ihrer Fähigkeit, wichtige Merkmale automatisch aus den Daten zu extrahieren, sind CNNs besonders effektiv in Bereichen wie der Objekterkennung und dem maschinellen Sehen (vgl. Millstein, 2020, S.11).

Long Short-Term Memory (LSTM) ist eine spezielle Architektur von rekurrenten neuronalen Netzen (RNNs), die entwickelt wurde, um das Problem des verschwindenden Gradienten zu lösen, das beim Training von Standard-RNNs auftritt. LSTM-Netzwerke bestehen aus Speicherblöcken, die Speicherzellen sowie Eingangs-, Ausgangs- und Vergessensgatter enthalten (vgl. Brownlee, 2017, S.10).

Die Anwendung der genannten KI-Technologien eröffnet sehbehinderten Menschen die Möglichkeit, potenzielle Risiken in ihrer Umgebung zu erfassen und adäquat darauf zu reagieren. Dies resultiert in einer signifikanten Steigerung ihrer Sicherheit und Selbstständigkeit.

Nach der Einführung in die theoretischen Grundlagen der Künstlichen Intelligenz folgt nun eine Betrachtung des Einsatzes von 5G- und 6G-Technologien, die in der Echtzeit-Datenverarbeitung für Sicherheits- und Notfallmanagementsysteme eine zentrale Rolle spielen.

2.4.4. Echtzeit - Datenverarbeitung durch Einsatz von 5G- und 6G - Technologie

Die fünfte Mobilfunkgeneration, 5G, bietet im Vergleich zur vorherigen Generation 4G (LTE) wesentliche Verbesserungen hinsichtlich der Datenraten, der Latenzzeiten sowie der Netzwerkkapazität (vgl. Bozanic & Sinha, 2021, Kapitel 1). Diese Eigenschaften machen 5G zu einer geeigneten Technologie für Anwendungen wie das Internet der Dinge (IoT) und autonomes Fahren, bei denen eine zuverlässige Kommunikation und hohe Reaktionsgeschwindigkeit erforderlich sind (vgl. Bozanic & Sinha, 2021, Kapitel 1). Der Einsatz von 5G-Netzwerken wird voraussichtlich transformative Auswirkungen auf IoT-Anwendungen haben, indem er eine schnellere Datenübertragung und eine größere Anzahl vernetzter Geräte ermöglicht (vgl. Khang, Abdullayev & Hahanov, 2024, S. 77).

Des Weiteren ermöglicht 5G neben der Unterstützung von IoT besonders niedrige Latenzzeiten und eine hohe Zuverlässigkeit, welche für mission-kritische Anwendungen erforderlich sind (vgl. Khang, Abdullayev & Hahanov, 2024, S. 77). Infolgedessen kann 5G als eine Schlüsseltechnologie für sicherheitsrelevante Bereiche bezeichnet werden, in denen eine Echtzeit-Kommunikation unabdingbar ist.

Auch im Bereich der Echtzeit-Bedrohungserkennung bietet 5G Vorteile. Moderne Sicherheitsstrategien, die auf Technologien wie Security Information and Event Management (SIEM) basieren, ermöglichen die unmittelbare Erkennung von Bedrohungen und Anomalien im Netzwerk (vgl. Fabig & Haasper, 2023, S. 98). Dadurch können Sicherheitsvorfälle schneller erkannt und Gegenmaßnahmen sofort eingeleitet werden, was insbesondere im Notfallmanagement von großer Bedeutung ist.

Die Echtzeit-Bedrohungserkennung kann eine wesentliche Rolle im Kontext des Notfallmanagements spielen, da sie eine unmittelbare Erkennung von Sicherheitsvorfällen ermöglicht. Dies erlaubt die umgehende Einleitung von Gegenmaßnahmen, um potenzielle Schäden oder Ausfälle zu verhindern und die Reaktionszeit zu optimieren.

Die nächste Stufe der Mobilfunktechnologie wird als 6G bezeichnet und weist eine deutlich höhere Leistungsfähigkeit als 5G auf (vgl. Draaser, 2023, S.18). Im Vergleich zu 5G, dass bereits hohe Geschwindigkeiten und niedrige Latenzzeiten bietet, wird 6G Terahertz-Frequenzen nutzen, um sehr hohe Datenübertragungsraten zu erreichen (vgl. Draaser, 2023, S.21). Dies eröffnet neue Perspektiven für innovative Anwendungen wie die Echtzeit-Holographie. Ein weiterer wesentlicher Unterschied besteht in der tiefgreifenden Integration von Künstlicher Intelligenz, wodurch 6G-Netzwerke befähigt werden, autonom zu arbeiten, sich selbst zu optimieren und vorausschauende Wartungen durchzuführen (vgl. Draaser, 2023, S.22). Der Einsatz von Quantentechnologie führt zu einer wesentlichen Verbesserung der Sicherheit, wodurch 6G zu einer besonders abhörsicheren Technologie wird. Darüber hinaus wird 6G auf Nachhaltigkeit setzen, indem energieeffiziente Lösungen entwickelt werden, die den steigenden Energiebedarf moderner Netzwerke reduzieren (vgl. Draaser, 2023, S.22).

Technologien wie 6G könnten in der Zukunft auch für Menschen mit Sehbeeinträchtigungen eine entscheidende Rolle spielen. Durch Echtzeit-Datenübertragung und präzise Lokalisierung ermöglichen sie schnelle und verlässliche Hilfestellungen, beispielsweise durch sprachgesteuerte Navigation oder tragbare Assistenzsysteme, die in Krisensituationen sofortige Unterstützung leisten.

Nach der Betrachtung des Potenzials von 5G- und 6G-Technologien in der Echtzeit-Datenverarbeitung für Sicherheits- und Notfallmanagementsysteme folgen nun die Erkenntnisse der Literaturanalyse sowie theoretische Schlussfolgerungen, die aus der bisherigen Recherche abgeleitet werden können.

2.5. Erkenntnisse der Literaturrecherche und theoretische Schlussfolgerungen

Die durchgeführte Literaturrecherche verdeutlicht, dass der Einsatz moderner Technologien wie Künstlicher Intelligenz (KI), maschinellem Lernen und Echtzeit-Datenverarbeitung entscheidende Vorteile zur Verbesserung der Barrierefreiheit und Sicherheit für sehbehinderte Menschen in Notfallsituationen bietet. Die spezifischen Bedürfnisse dieser Zielgruppe machen die Entwicklung alternativer Informationssysteme erforderlich, da visuelle Informationen wie herkömmliche Flucht- und Rettungspläne in Krisensituationen für sie unzugänglich sind. Dies macht die Entwicklung neuer Technologien und Methoden unabdingbar, um ihre Sicherheit und Selbstständigkeit zu gewährleisten. Die bisherigen Untersuchungen und technologischen Entwicklungen legen nahe, dass durch die Kombination akustischer, haptischer und sprachgesteuerter Systeme neue Möglichkeiten eröffnet werden können, um sehbehinderten Menschen einen verbesserten Zugang zu lebensrettenden Informationen und Handlungsanweisungen zu ermöglichen.

Die Analyse des bestehenden Technologiebestandes hat ergeben, dass zwar bereits einige unterstützende Technologien verfügbar sind, diese jedoch in Notfallsituationen nicht die notwendige Flexibilität und Echtzeitanpassung aufweisen. Obgleich Reliefpläne und die Braille-Schrift für den Alltag sehbehinderter Menschen von Nutzen sind, erweisen sie sich in dynamischen Krisensituationen als inadäquat. Der Einsatz von KI-gesteuerten Smartphone-Apps, die mit Echtzeit-Datenübertragung und kontinuierlich aktualisierten Informationen arbeiten, könnte demnach zu erheblichen Verbesserungen führen. Technologien wie Sprachausgabesysteme und vibrotaktile Feedbacks ermöglichen eine unmittelbare Rückmeldung über sichere Fluchtwege und Hindernisse, was zu einer signifikanten Steigerung der Orientierung und Reaktionsfähigkeit der Betroffenen führt.

Aus der Literatur geht hervor, dass die Integration von KI in das Notfallmanagement von grundlegender Bedeutung ist. Dies erlaubt nicht nur die Verarbeitung von Echtzeitdaten über die Umgebung und etwaige Hindernisse, sondern auch die Durchführung vorausschauender Wartungsmaßnahmen sowie eine kontinuierliche Optimierung der Systeme. Die Integration von maschinellem Lernen in derartige Anwendungen gewährleistet, dass die Systeme im Laufe der Zeit lernen und sich verbessern, um in Krisensituationen schnellere und präzisere Entscheidungen zu ermöglichen. Dies eröffnet insbesondere im Bereich der Notfallkommunikation und der Fluchtwegführung neue Perspektiven. KI-basierte Systeme bieten die Möglichkeit, nicht nur die akustische und haptische Führung zu übernehmen, sondern auch die Evakuierungsrouten an dynamische Veränderungen in der Umgebung anzupassen. Dies kann beispielsweise die Anpassung der Routen an blockierte Fluchtwege oder sich schnell verändernde Gefahrensituationen umfassen.

Ein weiteres wesentliches Resultat der Literaturrecherche ist die Bedeutung von Netzwerktechnologien wie 5G und zukünftig 6G. Die Gewährleistung der Echtzeit-Kommunikation sowie die schnelle Verarbeitung großer Datenmengen sind für das effiziente Funktionieren solcher KI-Systeme unabdingbar, weshalb diese Mobilfunktechnologien eine entscheidende Rolle einnehmen. Obgleich 5G bereits wesentliche Fortschritte hinsichtlich Geschwindigkeit, Latenz und Netzwerkkapazität aufweist, wird davon ausgegangen, dass 6G noch tiefgreifendere Optimierungen mit sich bringt. Die Nutzung von Terahertz-Frequenzen ermöglicht insbesondere die Realisierung extrem hoher Datenübertragungsraten, was insbesondere in kritischen Situationen von großer Bedeutung ist. Dies eröffnet Anwendungsmöglichkeiten wie die Echtzeit-Holographie, welche eine vollständig immersive, dreidimensionale Führung durch Fluchtwege in Echtzeit ermöglicht. Diese Technologie könnte insbesondere für sehbehinderte Menschen von Nutzen sein. Zudem bietet 6G die Möglichkeit zur umfassenden Integration von KI in die Netzwerke, sodass diese in Echtzeit auf Veränderungen reagieren können.

Aus der Literatur geht zudem hervor, dass Quantentechnologien im Rahmen von 6G zum Einsatz kommen werden, wodurch eine bisher unerreichte Datensicherheit gewährleistet werden kann. Diese Aspekte der Sicherheit sind von besonderer Relevanz, da in Notfallsituationen die Unversehrtheit und Verfügbarkeit von lebenswichtigen Informationen gewährleistet sein müssen. KI-gestützte Systeme, die auf Quantensicherheit basieren, könnten dazu beitragen, dass die übermittelten Daten weder abgefangen noch manipuliert werden können, was in sicherheitskritischen Anwendungen von entscheidender Bedeutung ist.

Abgesehen von den technischen Innovationen wird in den untersuchten Quellen zudem die zentrale Bedeutung der Energieeffizienz, insbesondere in Bezug auf 6G, betont. Die hohen Energieaufwendungen moderner Netzwerkinfrastrukturen führen zu zusätzlichen Herausforderungen hinsichtlich der Nachhaltigkeit. Daher ist die Entwicklung energieeffizienter Systeme, die sowohl in Normal- als auch in Krisensituationen verlässlich arbeiten, von zentraler Bedeutung. Die analysierte Literatur belegt, dass durch den Einsatz fortschrittlicher Materialien und intelligenter Netzwerktechnologien signifikante Energieeinsparungen realisiert werden können, ohne dabei die Leistungsfähigkeit zu beeinträchtigen. Dies ist nicht nur aus ökologischen, sondern auch aus praktischen Gründen von hoher Relevanz, da Notfallsysteme auch in Ausnahmesituationen – etwa bei Stromausfällen – eine verlässliche Funktionsweise aufweisen müssen.

Die durchgeführte Literaturrecherche belegt, dass die Kombination von KI, Echtzeit-Datenverarbeitung und modernen Netzwerktechnologien einen entscheidenden Beitrag zur Verbesserung von Flucht- und Rettungsplänen für sehbehinderte Menschen in Notfallsituationen leisten kann. Die Entwicklung solcher Systeme erfordert jedoch eine enge Zusammenarbeit zwischen Technik, Notfallmanagement und der Zielgruppe selbst, um sicherzustellen, dass die spezifischen Bedürfnisse und Herausforderungen vollständig berücksichtigt werden. Die Potenziale sind groß, jedoch ist eine gezielte Forschung und Entwicklung erforderlich, um diese Technologien nutzbar zu machen und ihre Effizienz in realen Szenarien nachzuweisen. Durch die fortschreitende Integration von KI und den Einsatz zukunftsweisender Technologien wie 6G könnte eine neue Ära des barrierefreien Notfallmanagements eingeläutet werden, wodurch sehbehinderten Menschen mehr Sicherheit und Selbstständigkeit in kritischen Situationen geboten werden könnte.

3. EMPIRISCHER TEIL

Im ersten Teil dieser Arbeit wurde durch eine qualitative Literaturanalyse der theoretische Rahmen geschaffen. Dabei wurden bestehende Technologien und Konzepte zur Verbesserung von Flucht- und Rettungsplänen für sehbehinderte Menschen untersucht. Der Fokus lag auf der Anwendung von Künstlicher Intelligenz (KI), maschinellem Lernen sowie akustischen und haptischen Führungssystemen. Es wurde deutlich, dass aktuelle Lösungen oft unzureichend sind, da sie auf visuellen Informationen basieren und sich nicht dynamisch an Notfallsituationen anpassen. Zudem wurden moderne Netzwerktechnologien wie 5G und 6G analysiert, die das Potenzial haben, Echtzeit-Lösungen für barrierefreie Fluchtwege zu bieten. Die Analyse lieferte eine solide Grundlage für die weitere Forschung und Entwicklung in dieser Arbeit. In diesem Abschnitt wird das methodische Vorgehen erläutert, wobei der Ablauf der Forschung, einschließlich der Vorbereitung, Datenerhebung und Dokumentation der Ergebnisse, dargestellt wird.

3.1. FORSCHUNGSMETHODE

Für die vorliegende Arbeit wurde als empirische Forschungsmethode ein qualitatives Leitfadeninterview (halbstrukturiertes Interview) in Kombination mit einer qualitativen Inhaltsanalyse nach Mayring gewählt. Das halbstrukturierte Interview wurde ausgewählt, um sowohl eine Vergleichbarkeit der gewonnenen Erkenntnisse sicherzustellen als auch den Interviewpartnern*innen die Flexibilität zu bieten, bestimmte Themen nach eigenem Ermessen ausführlicher zu behandeln. Diese Methode ermöglicht es zudem, gezielt nachzufragen und Aspekte anzusprechen, die von den Interviewpartnern*innen nicht von selbst eingebracht werden, um alle relevanten Themenbereiche abzudecken.

Im Mittelpunkt der qualitativen Methode steht die inhaltliche Tiefe und weniger die Menge der erhobenen Daten. Diese Methode konzentriert sich auf eine kleinere Anzahl von Untersuchungseinheiten, die jedoch intensiv und detailliert untersucht werden (vgl. Braunecker, 2016, S. 16). Ziel aller qualitativen Befragungstechniken ist es, umfassende und detaillierte Informationen zu einem bestimmten Thema zu gewinnen. Die qualitative Einzelerhebung wird oft bei Personen mit einem hohen Expertenstatus angewendet, der sich durch Fachwissen, Erfahrung oder Position auszeichnet. Hier bietet sich das Leitfadeninterview (halbstrukturiertes Interview) als besonders geeignete Technik an.

Bei der Durchführung qualitativer Einzelbefragungen werden die Interviews auditiv aufgezeichnet und anschließend transkribiert. Das Leitfadeninterview erfolgt dabei anhand eines vorher festgelegten Themas und einer Frageliste, lässt den Befragten jedoch genügend Raum, um ihre Gedanken frei zu äußern. Im Gegensatz zu standardisierten Fragebögen, bei denen ein Frage-Antwort-Muster vorgegeben ist, bietet das Leitfadeninterview eine offene Gesprächsführung, die den Gesprächsverlauf flexibel gestaltet. Die Reihenfolge der Fragen orientiert sich am Verlauf des Gesprächs, und zusätzliche Fragen, die nicht im Leitfaden enthalten sind, können gestellt werden, um möglichst tiefgehende und umfassende Antworten zu erhalten (vgl. Braunecker, 2016, S. 28f.).

Da sich das Expert*innen Interview, wie beschrieben, hervorragend für einen Praxisbezug eignet, wurden in dieser Arbeit wichtige Expert*innen aus den Bereichen Notfallmanagement, Barrierefreiheit, Sicherheitsmanagement und Technisches Facility Management einbezogen. Die Entscheidung, eine empirische Arbeit mit Leitfadeninterviews durchzuführen, basiert auf der Notwendigkeit, spezifisches und fundiertes Wissen von Expert*innen zu einem eingegrenzten Themenbereich zu sammeln und auszuwerten. Der Hauptgrund für die Wahl dieser Methode liegt darin, auf das tiefgehende Fachwissen von Expert*innen in relevanten Bereichen zurückzugreifen, um umfassende und praxisnahe Ergebnisse zu erzielen. Das Leitfadeninterview ermöglicht eine freie Gesprächsführung, bei der die Befragten ihre Antworten detailliert formulieren können, während die Interviewenden gezielte Nachfragen stellen können, um tiefergehende Informationen zu erhalten. Der große Vorteil dieser Methode ist die

Tiefe und der Informationsgehalt der Antworten, die eine detaillierte Auswertung und Analyse ermöglichen.

3.2. Ablauf und Datenerhebung der Untersuchung

Zu Beginn wurde auf Grundlage des Forschungsthemas und der durchgeführten Literaturrecherche ein Interviewleitfaden entwickelt. Dieser Interviewleitfaden umfasste einen strukturierten Ablauf, thematische Fragenblöcke und gezielte Fragen, die unter Anwendung der SPSS-Methode (siehe Abbildung 16) formuliert und in einem Pretest auf ihre Eignung hin überprüft wurden. Basierend auf den Ergebnissen des Pretests wurden gegebenenfalls Anpassungen vorgenommen, um die Relevanz und Klarheit der Fragen zu optimieren.

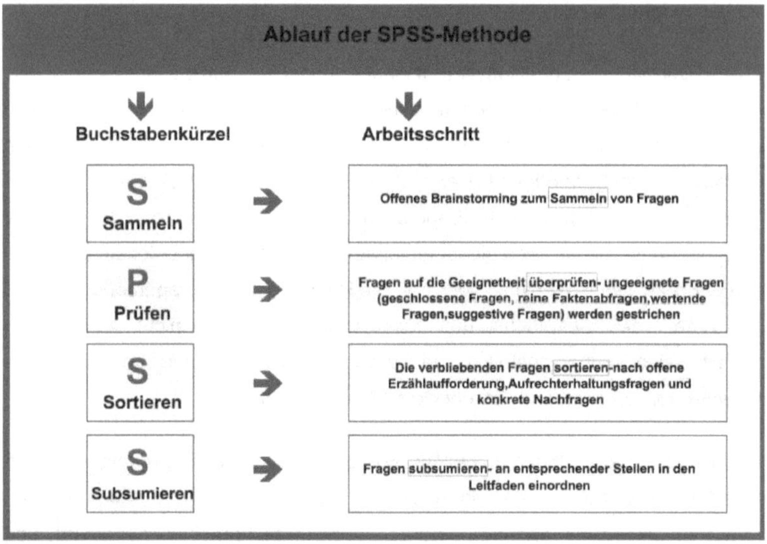

Abbildung 16: Ablauf der SPSS-Methode
Quelle: (eigene Darstellung in Anlehnung an Wotha & Dembowski, 2017, S.2).

Für die Durchführung der empirischen Untersuchung wurden insgesamt neun Expert*innen mit fachspezifischem Wissen interviewt, zusätzlich wurde eine Person für den Pretest herangezogen. Um fundierte Antworten zu erhalten, wurden Expert*innen aus Deutschland, vor allem aus der Praxis, kontaktiert. Die Kontaktaufnahme erfolgte per E-Mail oder Telefon. Vorab erhielten die TeilnehmerInnen per E-Mail die Datenschutzerklärung (siehe Anhang I) sowie den Interviewleitfaden, um ihre Zustimmung zu geben und sich auf das Interview vorzubereiten. Dadurch konnten die Expert*innen gezielt auf die Fragen antworten, was eine hohe Qualität der Antworten sicherstellte.

Die Durchführung der Interviews erfolgte in persönlichem Kontakt, wodurch eine Beobachtung nonverbaler Kommunikationsaspekte wie Mimik, Gestik und Körpersprache direkt möglich war. Dies ermöglichte eine vertiefte Einsicht in die Ansichten der Interviewpartner*innen und trug zu einer vertrauensvollen Gesprächsatmosphäre bei, die für detaillierte und ehrliche Antworten als wesentlich erachtet wird. Der Ablauf der empirischen Forschungsmethode ist in Abbildung 17 zusammengefasst.

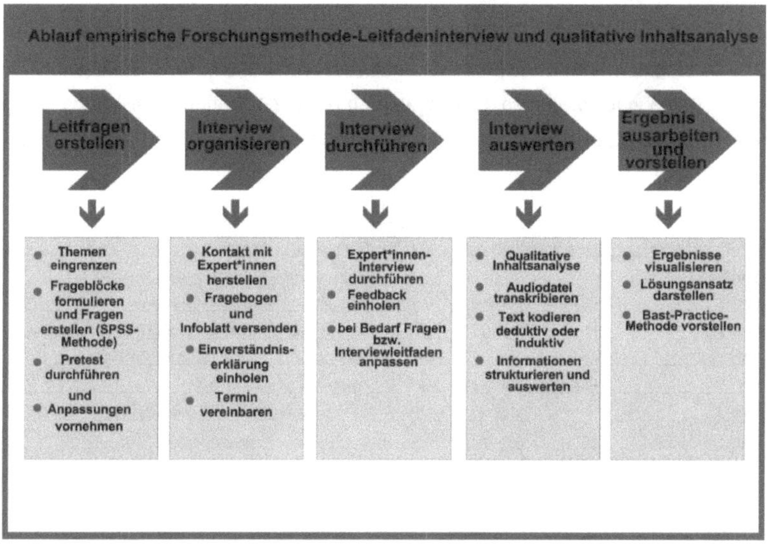

Abbildung 17: Ablauf empirische Forschungsmethode
Quelle: (eigene Darstellung).

In den folgenden Abschnitten 3.3 bis 3.8 werden die empirischen Schritte dieser Arbeit genauer definiert und ausführlich beschrieben. Dabei werden die ausgewählten Expert*innen, der für die Befragung verwendete Fragebogen bzw. Interviewleitfaden, die Durchführung der Interviews sowie die anschließende Auswertung der erhobenen Daten vorgestellt und erläutert.

3.3. INTERVIEWPARTNER*INNEN

Für diese Arbeit wurden Expert*innen ausgewählt, die über fundiertes Fachwissen in den Bereichen Notfallmanagement, Sicherheitsmaßnahmen, Barrierefreiheit und Technisches Facility Management verfügen. Ziel war es, eine möglichst umfassende Perspektive von Fachleuten zu gewinnen, die in diesen Bereichen aktiv sind und relevante Erfahrung haben.

Expert*innen werden als Personen verstanden, die aufgrund ihrer spezifischen Praxis- und Erfahrungskompetenz in der Lage sind, innerhalb ihres Fachgebiets fundierte Analysen und praxisorientierte Lösungen zu entwickeln. Sie können durch ihre Expertise zur Strukturierung und Verbesserung von Prozessen und Anwendungen in ihrem Fachbereich beitragen (vgl. Bogner, Littig & Menz, 2014, S.13). In der nachfolgenden Tabelle werden die Expert*innen unter Verwendung von Pseudonymen sowie mit Angabe ihres Unternehmens und ihrer Position dargestellt.

ID	Expert*innen	Unternehmen	Unternehmenssitz	Branche	Position
E00	Pretest / I.B.	MTU	München	Luftfahrtindustrie	M.Sc. / Technischer Redakteur
E01	C.H.	Feuerwehr	Hausen bei Geltendorf	Feuerwehr	Atemschutzgeräteträger
E02	M.K.	DLR	Weßling	Luftfahrtindustrie	Schwerbehindertenvertretung /Betriebsrat
E03	E.G.	DLR	Köln	Luftfahrtindustrie	Gruppenleiter Hoch-und Tiefbau
E04	L.N.	Feuerwehr	Oberpfaffenhofen	Feuerwehr	Gruppenführer
E05	L.D.	DLR	Köln	Luftfahrtindustrie	Sicherheitsbeauftragter
E06	M.P.	DLR	Weßling	Luftfahrtindustrie	Regionalleiter
E07	C.A.	Gemeinderat	Weßling	Gemeinderat	Behindertenbeauftragte
E08	O.K.	DLR	Köln	Luftfahrtindustrie	Projektleiterin/Teamleiterin
E09	O.P.	DLR	Weßling	Luftfahrtindustrie	Sicherheitsingenieur

Tabelle 1: Vorstellung der Expert*innen
Quelle: (eigene Darstellung).

3.4. ERSTELLUNG DES LEITFADENINTERVIEWS

Der Leitfadeninterview wurde gemäß der SPSS-Methode von Helfferich erstellt, welche die Schritte Sammlung, Prüfung, Sortierung und Subsumierung der Leitfragen umfasst. Eine Darstellung dieser Methodik findet sich in Abbildung 16. Der Interviewleitfaden ist vollständig im weiteren Verlauf des Textes zu finden, während die Datenschutzerklärung in Anhang I enthalten ist.

Der Interviewleitfaden wurde vorab in einem Pretest mit Herrn I.B. (M.Sc.) persönlich durchgeführt und aufgezeichnet. Zusätzlich wurde der Interviewleitfaden nach den ersten zwei Interviews, die nach der qualitativen Inhaltsanalyse von Mayring ausgewertet wurden, reflektiert und auf Vollständigkeit überprüft. Diese Überprüfung erfolgte iterativ und wurde je nach Bedarf angewendet, um die Qualität der Fragen sowie die Güte der Antworten sicherzustellen. Durch diesen Prozess konnten sowohl der Ablauf als auch die einzelnen Fragen des Interviewleitfadens getestet und gegebenenfalls angepasst werden.

Die Durchführung des Pretests bzw. der Pilotphase spielt eine entscheidende Rolle bei der Entwicklung eines Interviewleitfadens. Sie dient dazu, sicherzustellen, dass ein klarer roter Faden vorhanden ist, die vorgegebene Zeit eingehalten werden kann und die Fragen logisch aufeinander aufbauen. Letztendlich soll der Leitfaden dazu beitragen, die Forschungsfrage zielgerichtet und präzise zu beantworten. Im Rahmen des Pretests konnten durch Probeinterviews notwendige Anpassungen vorgenommen werden (vgl. Gläser & Laudel, 2009, S.107).

Die Frageblöcke des Interviewleitfadens wurden auf Basis der theoretischen Grundlagen, die durch die qualitative Literaturrecherche ermittelt wurden, entwickelt und entlang der Forschungsfrage definiert. Ein zentraler Fokus lag auf der Untersuchung, wie KI-gestützte Smartphone-Apps die Effizienz von Flucht- und Rettungsplänen in Notfallsituationen für sehbehinderte Menschen verbessern können. Um eine umfassende Analyse aller relevanten Fachgebiete zu gewährleisten, wurde ein umfangreicher Fragenkatalog erstellt.

Die Fragen wurden offen formuliert und in verschiedene Kategorien unterteilt, um eine flexible Anwendung zu ermöglichen. Diese Kategorien umfassen Einstiegsfragen, Schlüsselfragen und Gegenfragen, die situativ herangezogen wurden. Insgesamt wurden sieben Fragenblöcke entwickelt, die inhaltlich klar strukturiert und auf die Forschungsziele abgestimmt sind. Im Anschluss werden diese Fragenblöcke mit den entsprechenden Kategorien vorgestellt.

Interviewleitfaden:

<u>Fragenblock A- Allgemeines: Einführung und beruflicher Hintergrund:</u>

1. Könnten Sie sich bitte kurz vorstellen? **Einstiegsfrage**

2. Wie lange sind Sie bereits in Ihrem Fachgebiet tätig und was sind Ihre Hauptaufgaben? **Einstiegsfrage**

Fragenblock B- Bedürfnisse und Herausforderungen sehbehinderter Menschen in Notfallsituationen:

1. Welche spezifischen Herausforderungen sehen Sie für sehbehinderte Menschen in Notfallsituationen, insbesondere bei der Orientierung und Evakuierung? **Schlüsselfrage**

Fragenblock C- Technologische Lösungen und Methoden der Künstlichen Intelligenz (KI):

1.Welche Technologien oder Methoden, insbesondere im Bereich der Künstlichen Intelligenz, sehen Sie als vielversprechend, um die Effizienz von Rettungsplänen für sehbehinderte Menschen zu verbessern? **Schlüsselfrage**

2.Welche Rolle spielt die Verwendung von Smartphone-Apps zur Unterstützung sehbehinderter Menschen in Notfallsituationen bereits heute? Welche Potenziale sehen Sie hier für die Zukunft? **Schlüsselfrag**

Fragenblock D- Integration akustischer und haptischer Signale:

1.Welche Kombination aus akustischen, haptischen oder anderen sensorischen Modalitäten erscheint Ihnen am effektivsten, um sehbehinderten Menschen klare und verständliche Navigationsanweisungen zu geben? **Schlüsselfrage**

Fragenblock E- Echtzeit-Datenverarbeitung und Anpassung an veränderte Bedingungen:

1.Wie wichtig erachten Sie die Fähigkeit von Rettungssystemen, in Echtzeit auf Veränderungen zu reagieren (z.B. blockierte Fluchtwege, Feuer)? **Schlüsselfrage**

Fragenblock F- Barrierefreiheit und Benutzerfreundlichkeit von KI-gesteuerten Anwendungen:

1.Was sind Ihrer Meinung nach die wichtigsten Faktoren, die bei der Entwicklung barrierefreier KI-gesteuerter Apps für sehbehinderte Menschen berücksichtigt werden müssen? **Schlüsselfrage**

2.Wie könnte die Benutzerfreundlichkeit von Smartphone-Apps für sehbehinderte Menschen in Notsituationen verbessert werden, insbesondere im Hinblick auf intuitive Bedienbarkeit und schnelle Navigation? **Schlüsselfrage**

Fragenblock G- Zukunftsperspektiven und Best Practices:

1.Können Sie Beispiele für Best Practices nennen, bei denen KI oder andere Technologien erfolgreich zur Verbesserung der Barrierefreiheit in Notfallsituationen beigetragen haben? **Schlüsselfrage**

3.5. Interviewdurchführung und -Aufzeichnung

Da Expert*innen Interviews tiefe Einblicke in spezifische Tätigkeitsfelder und Meinungen ermöglichen, war es essenziell, eine Datenschutzerklärung zu erstellen. Diese diente dazu, den ethischen Umgang mit den erhobenen Daten zu gewährleisten und wurde vor der Nutzung der gewonnenen Informationen von den Teilnehmer*innen unterzeichnet. Laut Döring & Bortz mussten dabei insbesondere folgende Aspekte berücksichtigt werden (vgl. Döring & Bortz, 2015, S.121-122).

- Freiwilligkeit und informierte Einwilligung,
- Schutz vor Beeinträchtigungen und Schädigungen sowie
- Anonymisierung und Vertraulichkeit der Daten.

Auf Basis dieser Anforderungen erhielten die Expert*innen im Vorfeld eine Datenschutzerklärung (siehe Anhang I). Diese enthielt Angaben zum Zeitpunkt des Interviews, zur geplanten Aufnahme mit einem Aufnahmegerät sowie zur Anonymisierung der Daten. Zusätzlich wurden Zeitrahmen und Themen vorab per E-Mail übermittelt. Es wurde sichergestellt, dass alle Expert*innen ihre Teilnahme freiwillig zusagten.

Das Gespräch wurde mit einer kurzen Begrüßung eröffnet und beinhaltete zunächst eine Vorstellung der eigenen Person sowie den Hinweis auf das berufsbegleitende Studium. Im weiteren Verlauf wurde die Master-Thesis in Kürze erläutert und die Forschungsfrage inhaltlich eingeordnet, um den Kontext des Interviews zu verdeutlichen. Es wurde darauf hingewiesen, dass die Aufzeichnung startet, woraufhin das Aufnahmegerät eingeschaltet und das Interview eingeleitet wurde.

Zu Beginn der Interviews wurden die Expert*innen mit Einstiegsfragen dazu aufgefordert, sich vorzustellen und ihre beruflichen Tätigkeiten sowie Verantwortungsbereiche zu beschreiben. Der weitere Verlauf der Interviews orientierte sich an Schlüsselfragen, die thematisch auf den Forschungsgegenstand abgestimmt waren. Die Dauer der Interviews betrug in der Regel 20 bis 25 Minuten und lag damit unter dem erwarteten Durchschnitt.

Die Interviews wurden mit einem Smartphone aufgezeichnet, das über die Sprachmemo-Funktion des iPhones verfügt. Im Anschluss wurden die Aufnahmen in Word transkribiert.

Im ersten Schritt wurden die Namen der Expert*innen durch Pseudonyme ersetzt. Im nächsten Schritt wurden die Transkripte nach den Prinzipien der qualitativen Inhaltsanalyse nach Mayring bearbeitet (vgl. Mayring, 2015, S.57). Anschließend wurden die bearbeiteten Fassungen noch einmal anhand der Originalaufnahmen, die als Referenzquellen aufbewahrt werden, überprüft. Im Rahmen dessen wurden potenzielle Transkriptionsfehler korrigiert, um eine hohe Genauigkeit und Verlässlichkeit der finalen Transkripte zu gewährleisten.

3.6. Auswertung der Interviews

Für die Auswertung der Interviews wurde die qualitative Inhaltsanalyse nach Mayring gewählt. Diese Methode bietet drei verschiedene Ansätze zur Analyse, die im Folgenden näher erläutert werden:

1. **Zusammenfassung**
   Der Fokus dieses Verfahrens liegt auf der Reduktion des Materials. Ziel ist es, durch Abstraktion die wesentlichen Inhalte beizubehalten und daraus einen übersichtlichen und kompakten Textkorpus zu erstellen.
2. **Explikation**
   Dieses Verfahren dient dazu, das Verständnis des Materials zu vertiefen. Hierbei wird zusätzliches Kontextmaterial herangezogen, um die Bedeutung bestimmter Inhalte oder Begriffe klarer und umfassender zu erschließen.
3. **Strukturierung**
   Bei diesem Ansatz wird das Material anhand festgelegter Ordnungskriterien systematisch analysiert. Ziel ist es, bestimmte Aspekte des Materials herauszuarbeiten, entweder durch eine Querschnittsanalyse oder durch die Betrachtung des Materials unter spezifischen Gesichtspunkten.

Diese drei Verfahren bieten unterschiedliche Perspektiven auf das Datenmaterial und können je nach Zielsetzung der Analyse flexibel eingesetzt werden (vgl. Mayring, 2015, S. 67).

Ziel dieser Arbeit ist es zu untersuchen, wie KI-gesteuerte Smartphone-Apps die Effizienz von Flucht- und Rettungsplänen in Notfallsituationen für sehbehinderte Menschen verbessern können. Durch die Analyse bestehender Technologien, die Identifikation spezifischer Herausforderungen und Bedürfnisse der Zielgruppe sowie die Erarbeitung möglicher Lösungsansätze soll ein Konzept entwickelt werden, das eine autonome, sichere und effektive Evakuierung ermöglicht. Um die Forschungsfragen fundiert beantworten zu können, wurden qualitative Interviews mit Expert*innen aus den Bereichen Notfallmanagement, Sicherheitsmaßnahmen, Barrierefreiheit und Technisches Facility Management geführt. Diese Expert*innen bieten praxisnahe Einblicke in bestehende Herausforderungen und mögliche technologische Lösungen.

Da die Kernaussagen der Interviews eine zentrale Rolle für die Beantwortung der Forschungsfrage spielen, wurde als methodisches Vorgehen die zusammenfassende Inhaltsanalyse nach Mayring gewählt (vgl. Mayring, 2015, S. 69). Ziel dieser Analyse ist es, die transkribierten Texte durch die Reduktion irrelevanter Inhalte und die systematische Kategorisierung wesentlicher Aussagen in eine strukturierte Form zu bringen. Dazu wurden zunächst Analyseeinheiten definiert, um eine zielgerichtete Erfassung der Inhalte zu ermöglichen. Die Kodiereinheit bestand aus einzelnen Aussagen oder Sätzen, die Kontexteinheit umfasste alle Aussagen zu einem bestimmten Fragenschwerpunkt und die Auswertungseinheit entsprach der kompletten Interviewstruktur. In einem ersten Schritt wurden deduktive Hauptkategorien gebildet, die sich an den Forschungsfragen orientierten. Diese wurden im Zuge der Auswertung durch induktive Unterkategorien ergänzt, die eine präzisere Erfassung der Interviewinhalte ermöglichten. Die Hauptkategorien umfassen Herausforderungen für sehbehinderte Menschen in Notfallsituationen, technologische Lösungen zur Verbesserung von Rettungsplänen, die Rolle von Smartphone-Apps in Notfallsituationen, sensorische Modalitäten zur Navigation, die Bedeutung von Echtzeitreaktionen, die Entwicklung barrierefreier KI-basierter Anwendungen sowie Best Practices und bestehende Lösungen.

Nach der Kategorienbildung wurden die Interviews paraphrasiert, um wesentliche Inhalte zu extrahieren und irrelevante Aussagen zu eliminieren. Dies erfolgte durch eine mehrstufige Reduktion, in der inhaltliche Gemeinsamkeiten gebündelt und redundante Informationen ausgeschlossen wurden. Im Rahmen dessen wurde GPT-4 als Unterstützung genutzt, um die abgeleiteten Paraphrasierungen und Generalisierungen zu überprüfen und zu verfeinern. Im Anschluss erfolgte die Erstellung des finalen Kategoriensystems unter Zuhilfenahme von Excel-Tabellen (siehe Tabelle 2). Dieser Schritt diente der Strukturierung der Kernaussagen und der Erleichterung einer gezielten Analyse.

Aufgrund der durchgeführten, strukturierten Vorgehensweise war es möglich, die Aussagen der Expert*innen direkt den Forschungsfragen zuzuordnen. So konnte eine fundierte Untersuchung der zentralen Themenbereiche durchgeführt werden. Die Ergebnisse der Inhaltsanalyse liefern wertvolle Erkenntnisse für die Entwicklung technischer Lösungen zur sicheren und barrierefreien Evakuierung sehbehinderter Menschen in Notfallsituationen. Das finale Kategoriensystem ermöglicht die gezielte Ableitung von praxisnahen Handlungsempfehlungen und dient als Grundlage für weitere Forschungs- und Entwicklungsarbeiten in diesem Bereich.

Hauptkategorie	Unterkategorie
Herausforderungen für sehbehinderte Menschen in Notfällen	Orientierung in unbekannten Umgebungen
	Hindernisse auf Fluchtwegen
	Mangel an akustischen Hinweisen
	Stress & Panik
	Fehlende Schulung von Helfern
Technologische Lösungen zur Verbesserung von Rettungsplänen	KI-gestützte Navigation
	Sensorbasierte Erkennung
	Integration von Gebäudesystemen
	Echtzeit-Updates
Rolle von Smartphone-Apps in Notfallsituationen	Nutzung vorhandener Technologien
	Indoor-Navigation
	Benutzerfreundlichkei
	Datenschutz
Sensorische Modalitäten zur Naviaation	Akustische Signale
	Haptische Signale
	Multisensorische Kombination
Wichtigkeit von Echtzeit-Reaktion in Notfällen	Alternative Fluchtwege
	Gefahrenerkennung
Entwicklung barrierefreier KI-gestützter Apps	Einfache Bedienung
	Anpassbarkeit
	Offline-Funktionalität
	Beteiligung Betroffener
Best Practices & existierende Lösungen	Akustische Leitsysteme
	KI-gestützte Assistenzen
	Kombination bestehender Technologien

Tabelle 2: Kategoriensystem
Quelle: (eigene Darstellung).

3.7. Ergebnisse der Interviews

Die vorliegenden Ergebnisse wurden auf Basis der im Interviewleitfaden festgelegten Schlüsselfragen sowie durch eine Kombination aus deduktiver und induktiver Kategorienbildung erarbeitet. Ihre Validierung erfolgte durch den

Abgleich mit den Forschungsfragen. Die vollständigen Formulierungen der Ergebnisse beruhen ausschließlich auf den Aussagen der befragten Expert*innen und sind ohne subjektive Interpretation im Anhang II Vollständige Interviewergebnisse dokumentiert.

In diesem Abschnitt werden die zentralen Aussagen der Expert*innen zunächst in schriftlicher Form zusammenfassend dargestellt und anschließend in tabellarischer Form systematisiert, wobei eine sachliche und objektive Aufbereitung der Inhalte im Vordergrund steht. Die qualitative Auswertung der Expert*innen Interviews zeigt fünf zentrale Herausforderungen, mit denen sehbehinderte Menschen in Notfallsituationen konfrontiert sind.

Am häufigsten genannt wurde die erschwerte Orientierung in unbekannten Umgebungen infolge fehlender visueller Zugänglichkeit zu Fluchtplänen und Leitsystemen (6 von 9). Weitere wesentliche Barrieren betreffen temporäre oder dauerhafte Hindernisse auf Fluchtwegen (5 von 9) sowie das Fehlen akustischer und haptischer Orientierungshilfen (4 von 9), die eine selbstständige Navigation erheblich erschweren.

Zudem wurden Stress und Panik als beeinträchtigende Faktoren für die Entscheidungsfähigkeit sowie die unzureichende Schulung von Einsatzkräften im Umgang mit sehbehinderten Personen (jeweils 4 von 9) thematisiert. Insgesamt verdeutlichen die Aussagen einen dringenden Handlungsbedarf hinsichtlich barrierefreier Notfallgestaltung, multisensorischer Informationsvermittlung und gezielter Schulungsmaßnahmen. Eine Übersicht der identifizierten Herausforderungen bietet Tabelle 3.

Herausforderungen für sehbehinderte Menschen in Notfallsituationen	**Anzahl der Expert*innen**
Orientierung in unbekannten Umgebungen	6 von 9
Hindernisse auf Fluchtwegen (z. B. Möbel, Treppen, Baustellen)	5 von 9
Mangel an akustischen und haptischen Hinweisen zur Orientierung	4 von 9
Stress und Panik in Notfällen, erschwert klare Entscheidungen	4 von 9
Fehlende Schulung von Helfer*innen für sehbehinderte Menschen	4 von 9

Tabelle 3: Herausforderungen für sehbehinderte Menschen in Notfallsituationen
Quelle: (eigene Darstellung).

Ausgehend von den identifizierten Herausforderungen wurde in einem weiteren Schritt untersucht, welche technologischen Ansätze aus Sicht der Expert*innen geeignet sind, um die Barrieren für sehbehinderte Menschen in Notfallsituationen wirksam zu reduzieren.

Die Expert*innen identifizierten mehrere technologische Möglichkeiten zur Verbesserung von Flucht- und Rettungsplänen für sehbehinderte Menschen. Besonders häufig genannt wurde die KI-gestützte Navigation zur Echtzeit-Berechnung alternativer Fluchtwege, die von 6 von 9 Expert*innen als besonders relevant eingestuft wurde. Ebenfalls 6 von 9 Expert*innen betonten die Bedeutung von Echtzeit-Updates zur Erkennung blockierter Fluchtwege und zur dynamischen Routenanpassung in Notfallsituationen.

Die sensorbasierte Erkennung von Hindernissen oder Gefahren wurde von 5 Expert*innen als zentrale Funktion für barrierefreie Evakuierung hervorgehoben, ebenso wie die Integration von Gebäudesensorik in mobile Anwendungen, die eine präzisere Orientierung innerhalb komplexer Strukturen ermöglichen soll (5 von 9 Nennungen).

Insgesamt zeigt sich, dass technologische Lösungen insbesondere dann als wirksam angesehen werden, wenn sie in Echtzeit reagieren, multisensorisch kommunizieren und sich flexibel an veränderte Bedingungen anpassen können. Die in den Interviews herausgearbeiteten Technologien und ihre Relevanz sind in Tabelle 4 systematisch dargestellt.

Technologische Lösungen zur Verbesserung von Rettungsplänen	Anzahl der Expert*innen
KI-gestützte Navigation zur Echtzeit-Berechnung alternativer Fluchtwege	6 von 9
Sensorbasierte Erkennung von Hindernissen oder Gefahren	5 von 9
Integration von Gebäudesensoren mit mobilen Apps zur besseren Orientierung	5 von 9
Echtzeit-Updates zur Erkennung blockierter Fluchtwege und Berechnung von Alternativrouten	6 von 9

Tabelle 4: Technologische Lösungen zur Verbesserung von Rettungsplänen
Quelle: (eigene Darstellung).

Aufbauend auf den identifizierten technologischen Lösungsansätzen richtet sich der Fokus im nächsten Schritt auf die Rolle von Smartphone-Apps, die als zentrales Instrument zur Umsetzung barrierefreier Evakuierungslösungen für sehbehinderte Menschen betrachtet werden. Die Auswertung der Interviews zeigt, dass Smartphone-Apps bereits heute eine wichtige Unterstützung für sehbehinderte Menschen darstellen, jedoch hinsichtlich ihrer Anwendbarkeit in Notfallsituationen noch erhebliche Optimierungspotenziale bestehen. Fünf von neun Expert*innen verweisen auf die Nutzung vorhandener Technologien wie BlindSquare oder Seeing AI, bemängeln jedoch deren fehlende Anpassung an Evakuierungsszenarien.

Ein zentrales Potenzial sehen 6 von 9 Befragten in der Integration von Gebäudeplänen und Echtzeitdaten in Indoor-Navigationssysteme, um dynamische und sichere Fluchtwege zu ermöglichen. Ebenfalls fünf Expert*innen betonen die Bedeutung einer hohen Benutzerfreundlichkeit, wobei insbesondere automatische Aktivierung und intuitive Bedienbarkeit hervorgehoben werden. Der Datenschutz wurde ebenfalls thematisiert. Vier der befragten Expert*innen halten es für essenziell, dass die Apps auch offline funktionieren und keine sensiblen Nutzerdaten an Dritte übermitteln.

Insgesamt zeigen die Ergebnisse, dass Smartphone-Apps ein bedeutendes technologisches Mittel zur Verbesserung der Notfallsituation sehbehinderter Menschen darstellen können – vorausgesetzt, sie sind barrierefrei gestaltet, in Echtzeit anpassbar und datenschutzkonform. Eine Übersicht der zentralen Aspekte ist in Tabelle 5 zusammengefasst.

Rolle von Smartphone-Apps in Notfallsituationen	Anzahl der Expert*innen
Nutzung vorhandener Technologien (z. B. Seeing AI, BlindSquare), aber fehlende Optimierung für Evakuierungen	5 von 9
Indoor-Navigation sollte durch Gebäudepläne in Apps integriert und in Echtzeit aktualisiert werden	6 von 9
Benutzerfreundlichkeit: Apps sollten automatisch aktiviert werden und eine intuitive Steuerung haben	5 von 9
Datenschutz: Apps müssen offline funktionieren und Nutzerdaten schützen	4 von 9

Tabelle 5: Rolle von Smartphone-Apps in Notfallsituation
Quelle: (eigene Darstellung).

Im Anschluss an die Betrachtung der Rolle von Smartphone-Apps richtet sich der Fokus auf die sensorischen Modalitäten, die in solchen Anwendungen zur sicheren und verständlichen Navigation sehbehinderter Menschen eingesetzt werden können. Die Auswertung der Interviews verdeutlicht, dass eine Kombination aus akustischen und haptischen Signalen als besonders wirksam für die Navigation sehbehinderter Menschen in Notfallsituationen eingeschätzt wird. Akustische Signale, insbesondere sprachbasierte Anweisungen und orientierende Töne, wurden von 6 von 9 Expert*innen als zentrale Unterstützung genannt. Haptische Signale, etwa in Form von Vibrationsmustern über tragbare Geräte wie Smartwatches, Gürtel oder Smartphones, wurden von 5 der Befragten als hilfreich bewertet. Ebenfalls 5 Expert*innen betonten die Bedeutung einer multisensorischen Kombination beider Modalitäten. Diese integrierte Lösung sei insbesondere unter Stressbedingungen wirksam, da sie Fehlinterpretationen reduzieren und die Orientierungssicherheit erhöhen könne. In mehreren Fällen wurde zudem darauf hingewiesen, dass unterschiedliche Bedürfnisse – je nach Grad der Sehbehinderung – durch die Kombination sensorischer Kanäle besser berücksichtigt werden können. Die genannten sensorischen Ansätze und deren Relevanz für die praktische Anwendung sind in Tabelle 6 übersichtlich dargestellt.

Sensorische Modalitäten zur Navigation	Anzahl der Expert*innen
Akustische Signale (sprachbasierte Anweisungen, Töne zur Orientierung)	6 von 9
Haptische Signale (Vibrationsmuster in Smartwatches, Gürteln oder Smartphones)	5 von 9
Multisensorische Kombination (Kombination aus akustischen und haptischen Signalen zur Minimierung von Fehlinterpretationen)	5 von 9

Tabelle 6: Sensorische Modalitäten zur Navigation
Quelle: (eigene Darstellung).

Die dargestellten Ergebnisse unterstreichen die zentrale Bedeutung einer reaktiven, adaptiven Systemarchitektur für barrierefreie Notfallsituationen. Aufbauend auf diesen Erkenntnissen lassen sich im folgenden Abschnitt zentrale Implikationen für die Entwicklung praxisorientierter, KI-gestützter Evakuierungslösungen ableiten.

Die Auswertung der Interviews zeigt, dass die Fähigkeit von Rettungssystemen, in Echtzeit auf sich verändernde Notfallsituationen zu reagieren, von den Expert*innen als zentraler Erfolgsfaktor für die Sicherheit sehbehinderter Menschen eingeschätzt wird. Die sofortige Berechnung alternativer Fluchtwege bei blockierten Routen wurde mit 7 von 9 Nennungen am häufigsten betont. Ebenso hoben 6 der Befragten die Notwendigkeit hervor, Gefahren wie Brände, Rauch oder Hindernisse automatisiert zu erkennen, um zeitkritische Entscheidungen zu ermöglichen.

Darüber hinaus nannten jeweils 5 Expert*innen die Relevanz einer dynamischen Navigation, die sich an die jeweilige Situation anpasst, sowie die Bedeutung der Reaktionsgeschwindigkeit von Systemen als Schlüsselkriterium für eine sichere Evakuierung. Die Ergebnisse verdeutlichen, dass Echtzeitfähigkeit – insbesondere im Zusammenspiel mit KI-gestützter Analyse und sensorgestützter Umgebungsüberwachung – als unverzichtbare Voraussetzung für inklusive Notfalllösungen betrachtet wird. Eine strukturierte Übersicht der genannten Aspekte ist in Tabelle 7 dargestellt.

Aspekt der Echtzeit-Reaktion	Anzahl der Expert*innen
Alternative Fluchtwege bei blockierten Wegen müssen sofort berechnet werden	7 von 9
Gefahrenerkennung (Brände, Rauch, Hindernisse) sollte automatisch erfolgen	6 von 9
Dynamische Navigation zur Anpassung an sich ändernde Notfallsituationen	5 von 9
Reaktionsgeschwindigkeit der Systeme ist entscheidend für eine sichere Evakuierung	5 von 9

Tabelle 7: Aspekt der Echtzeit-Reaktion
Quelle: (eigene Darstellung).

Während der Aspekt der Echtzeit-Reaktion primär die funktionale Leistungsfähigkeit technischer Systeme in dynamischen Notfallsituationen adressiert, rückt im Folgenden die nutzerzentrierte Perspektive in den Fokus – insbesondere die Anforderungen an eine barrierefreie Gestaltung KI-gestützter Apps für sehbehinderte Menschen.

Die befragten Expert*innen betonen, dass bei der Entwicklung KI-gestützter Notfall-Apps für sehbehinderte Menschen insbesondere eine einfache und intuitive Bedienung im Vordergrund stehen muss. 6 von 9 Expert*innen sehen hierin eine Grundvoraussetzung für die Nutzung unter Stressbedingungen. Ebenfalls 6 Expert*innen unterstreichen die Bedeutung der aktiven Einbindung betroffener Personen in den Entwicklungsprozess, um bedarfsgerechte Lösungen sicherzustellen.

Weitere zentrale Anforderungen betreffen die Anpassbarkeit an individuelle Bedürfnisse, etwa durch Einstellmöglichkeiten für Lautstärke, Sprache oder Vibrationsstärke (5 von 9 Nennungen), sowie die Zuverlässigkeit bei fehlender

Internetverbindung (Offline-Funktionalität, ebenfalls 5 von 9). Der Datenschutz wurde von 4 Expert*innen hervorgehoben, insbesondere in Bezug auf die Anonymisierung personenbezogener Daten.

Im Hinblick auf die Benutzerfreundlichkeit wurde deutlich, dass automatische Aktivierung in Notfällen, klare akustische und haptische Rückmeldungen sowie eine übersichtliche und reduzierte Bedienstruktur essenziell sind. Zusätzlich wurden Funktionen wie Sprachsteuerung, Echtzeit-Feedback, große Touchflächen und lernfähige Systeme als wichtige Merkmale benannt. Die genannten Anforderungen spiegeln sich in Tabelle 8 wider und bilden eine wesentliche Grundlage für die Gestaltung inklusiver, KI-basierter Notfallapplikationen für sehbehinderte Menschen.

Aspekt der barrierefreien KI-gestützten Apps	Anzahl der Expert*innen
Einfache und intuitive Bedienung – Apps müssen leicht verständlich und ohne komplexe Navigation nutzbar sein	6 von 9
Anpassbarkeit – Individuelle Einstellungen für Lautstärke, Vibration, Sprache usw. sind erforderlich	5 von 9
Offline-Funktionalität – Die App muss auch ohne Internet zuverlässig funktionieren	5 von 9
Beteiligung der Betroffenen – Sehbehinderte Menschen sollten aktiv in die Entwicklung einbezogen werden	6 von 9
Datenschutz – Persönliche Daten der Nutzer müssen geschützt und anonymisiert werden	4 von 9

Tabelle 8: Aspekt der barrierefreien KI- gestützten Apps
Quelle: (eigene Darstellung).

Nach der Analyse zentraler Gestaltungsanforderungen barrierefreier KI-gestützter Anwendungen richtet sich der Blick im nächsten Schritt auf bereits existierende technologische Lösungen und Best-Practice-Beispiele, die als Orientierung für die praktische Umsetzung dienen können. Die befragten Expert*innen benannten mehrere technologische Ansätze, die bereits heute zur Verbesserung der Barrierefreiheit beitragen und als Best Practices im Kontext von Notfallsituationen potenziell nutzbar sind. Besonders häufig genannt wurde die Kombination verschiedener Technologien, etwa durch die Integration von KI, akustischen und haptischen Signalen, zur Verbesserung von Orientierung und Sicherheit – ein Aspekt, dem 6 von 9 Expert*innen zustimmten.

Ebenfalls 5 Expert*innen verwiesen auf bestehende akustische Leitsysteme, wie Induktionsschleifen oder QR-Code-basierte Signalgeber, die zur Wegweisung in Gebäuden beitragen. Auch Echtzeit-Updates mit adaptiver Navigation, etwa durch die Nutzung von KI zur dynamischen Anpassung von Fluchtwegen bei Hindernissen, wurden von 5 Expert*innen als vielversprechend bewertet.

KI-gestützte Assistenzsysteme wie Google Lookout, NaviLens oder Seeing AI wurden von 4 Expert*innen als innovative Orientierungshilfen genannt, ebenso wie haptische Navigationshilfen (z. B. Vibrationsmuster in tragbaren Geräten). Auch wenn diese Systeme in der Praxis oft noch nicht speziell auf Notfallsituationen optimiert sind, sehen die Expert*innen in ihnen ein großes Zukunftspotenzial. Die identifizierten Best Practices und ihre Einschätzungen sind in Tabelle 9 zusammengefasst.

Best Practices & existierende Lösungen	Anzahl der Expert*innen
Akustische Leitsysteme – Nutzung von Induktionsschleifen, akustischen Signalgebern oder QR-Code-basierten Wegweisern	5 von 9
KI-gestützte Assistenzen – Nutzung von Systemen wie NaviLens, Google Lookout oder Seeing AI zur Navigation	4 von 9
Haptische Unterstützung – Vibrationsmuster in Smartwatches, Gürteln oder anderen tragbaren Geräten zur Richtungsanzeige	4 von 9
Echtzeit-Updates und adaptive Navigation – Nutzung von KI zur dynamischen Anpassung der Fluchtwege bei Hindernissen	5 von 9
Kombination bestehender Technologien – Integration mehrerer Systeme zur optimalen Orientierung und Sicherheit	6 von 9

Tabelle 9: Best Practices & existierende Lösungen
Quelle: (eigene Darstellung).

In diesem Abschnitt wurden die zentralen Ergebnisse der durchgeführten qualitativen Inhaltsanalyse sowie der Expert*innen-Interviews dargestellt, ohne eine Bewertung vorzunehmen. Die Resultate wurden entsprechend den im Interviewleitfaden definierten Schlüsselfragen und Kategorien geordnet und präsentiert. Im folgenden Abschnitt, der Diskussion, erfolgt eine Zusammenfassung dieser Erkenntnisse, wobei sie im Kontext der Literatur, des empirischen Teils der Arbeit sowie eigener Einschätzungen reflektiert und interpretiert werden.

3.8. Diskussion der Ergebnisse

Um die Effizienz von KI-gesteuerten Smartphone-Apps in der Verbesserung von Flucht- und Rettungsplänen für sehbehinderte Menschen in Notfallsituationen zu verbessern, wurden im Rahmen einer qualitativen Forschung, eine Inhaltsanalyse sowie Interviews mit Expert*innen durchgeführt. Dabei wurden neun Expert*innen anhand eines Leitfadeninterviews befragt. Die gewonnenen Erkenntnisse wurden deduktiv bzw. induktiv kategorisiert und die Kernaussagen der Schüsselfragen aus dem Interviewleitfaden strukturiert zugeordnet.

In diesem Kapitel erfolgt eine kritische Diskussion der erhobenen literarischen und empirischen Ergebnisse. Anschließend werden alle relevanten Erkenntnisse dargestellt, die zur Beantwortung der Forschungsfrage notwendig sind. Zunächst wird zentrale Fachliteratur herangezogen, um die Hilfsfragen im Abgleich mit den Interviewergebnissen zu reflektieren. Darauf aufbauend wird die Forschungsfrage durch die Verknüpfung der empirischen Erkenntnisse mit theoretischen Ansätzen beantwortet und es werden potenzielle Best-Practice-Ansätze aufgezeigt.

Der Fokus liegt dabei auf der Analyse bestehender Technologien aus den Bereichen künstliche Intelligenz, maschinelles Lernen sowie akustische und haptische Signalisierung, um barrierefreie Fluchtwege in Echtzeit bereitzustellen. Die spezifischen Bedürfnisse der betroffenen Zielgruppe werden untersucht, um fundierte Empfehlungen für die Entwicklung nutzerfreundlicher Lösungen abzuleiten. Ziel ist es, das Sicherheits- und Autonomiepotenzial sehbehinderter Menschen in kritischen Situationen signifikant zu erhöhen und damit eine innovative, adaptive und praxistaugliche Lösung zur Optimierung von Flucht- und Rettungsplänen zu entwickeln.

Beantwortung der Forschunsgfrage

Forschungsfrage:

„Wie können KI-gesteuerte Smartphone-Apps die Effizienz von Flucht- und Rettungsplänen für sehbehinderte Menschen in Notfallsituationen verbessern?“

Die vorliegende Literatur zeigt, dass bestehende Flucht- und Rettungspläne primär auf visuellen Informationen basieren, was für Menschen mit Sehbehinderung eine signifikante Barriere darstellt (vgl. DIN ISO 23601, 2010, S. 6). Zudem mangelt es an adaptiven Lösungen, die sich an veränderte Notfallsituationen anpassen. KI-gestützte Systeme bieten in diesem Zusammenhang neue Möglichkeiten, indem sie Hindernisse in Echtzeit erkennen und alternative Routen berechnen (vgl. OECD, 2020, S. 23). Die Optimierung der Effizienz von Flucht- und Rettungsplänen für sehbehinderte Menschen kann durch den Einsatz alternativer sensorischer Modalitäten wie Sprachsysteme (vgl. Paek & Chickering, 2007, S. 93-117), auditive Signale (vgl. Brewster, 2002, S. 188–205), multimodale Interaktionen (vgl. Brewster, Chohan & Brown, 2007, S. 159–162), haptisches Feedback (vgl. Wall & Brewster, 2006, S. 9–18), vibrotaktile Systeme (vgl. Nicolau et al., 2015, S. 1-4) und Gestenerkennungssysteme (vgl. Kuber et al., 2012, S. 4-9) zur barrierefreien Navigation in Notfallsituationen erfolgen.

Die Expert*innen betonen, dass KI-gesteuerte Apps durch Echtzeit-Navigation, adaptiven Fluchtwegempfehlungen und multimodalen Feedback-Systemen die Orientierung in Notfallsituationen verbessern. Besonders hervorgehoben wird die Möglichkeit, durch Objekterkennung und Sensoren Hindernisse zu identifizieren und individuelle Anweisungen bereitzustellen. Die Echtzeit-Datenübertragung mittels 5G oder 6G wird ebenfalls als essenziell für die Effizienz solcher Systeme angesehen.

Auf Basis der gewonnenen Erkenntnisse lassen sich potenzielle Handlungsempfehlungen und innovative Ansätze zur Effizienzsteigerung ableiten.

Ein vielversprechender Ansatz könnte in der automatisierten Erkennung von Fluchtwegkennzeichnungen durch eine Kamera bestehen. Mithilfe von künstlicher Intelligenz könnten visuelle Informationen wie Fluchtwegschilder oder Piktogramme erkannt und in akustische oder haptische Signale übersetzt werden. Dies würde es Nutzer*innen mit Sehbehinderung ermöglichen, in Echtzeit Rückmeldungen über ihre Umgebung zu erhalten – beispielsweise durch Sprachausgabe oder Vibrationen. Ein derartiges System könnte insbesondere in Situationen vorteilhaft sein, in denen die Sichtverhältnisse eingeschränkt sind, wie beispielsweise bei einer Rauchentwicklung oder einem Stromausfall. Als mögliche technische Lösung wird die Verwendung einer tragbaren Kamera in Kombination mit einem Bluetooth-fähigen Armband oder einem Screenreader in Erwägung gezogen.

Ein alternativer Ansatz könnte in der Entwicklung eines digitalen Zwillings des Gebäudes liegen. Ein digitaler Zwilling des Gebäudes könnte es ermöglichen, räumliche Gegebenheiten sowie potenzielle Gefahrenzonen – etwa durch Feuer oder versperrte Ausgänge – in Echtzeit zu analysieren. Basierend auf diesen Informationen könnten sichere und individuelle Fluchtrouten berechnet und über eine App oder ein sprachgestütztes System an die betroffene Person weitergegeben werden. Das System könnte beispielsweise dazu beitragen, die Nutzung von Treppen zu vermeiden und stattdessen barrierefreie Alternativen anzubieten, die an den jeweiligen Standort der Person angepasst sind.

Die Kombination von Echtzeit-Datenverarbeitung, Gebäude-Sensorik (beispielsweise Temperatur-, Rauch- oder Bewegungsmelder) und personalisierter Nutzerführung könnte einen signifikanten Beitrag zur Effizienzsteigerung leisten. KI-gestützte Anwendungen könnten dabei individuelle Profile berücksichtigen, etwa ob eine Person zusätzlich zu einer Sehbehinderung auch mobilitätseingeschränkt ist. Ein System, das per Sprachbefehl aktiviert wird und den optimalen Fluchtweg in Echtzeit anpasst, abhängig vom Standort, den aktuellen Gefahrenquellen und dem Bewegungsradius der Person, ist dabei ein denkbares Szenario.

Ein weiteres Potenzial liegt in der Vernetzung mit existierenden Assistenz-Apps wie Be My Eyes oder Seeing AI, die um eine Notfallfunktion erweitert werden könnten. Im Ernstfall könnte so eine automatische Verbindung zu geschulten Helfer*innen oder Rettungskräften hergestellt werden, um zusätzliche Sicherheit und Rückmeldung zu gewährleisten.

Besonders effektiv sind laut Studien richtungsabhängige Vibrationsmuster, die über ein Smartband ausgegeben werden, sowie kontextbezogene Sprachanweisungen, die dynamisch an Standort und Gefahrensituation angepasst werden (vgl. Brewster, Chohan & Brown, 2007, S. 159–162). Die Möglichkeit zur individuellen Konfiguration dieser Signale erhöht die Nutzerfreundlichkeit und unterstützt eine zielgerichtete Evakuierung. Zudem ermöglichen Convolutional Neural Networks (CNNs) eine präzise Objekterkennung durch automatische Extraktion relevanter Merkmale aus Bilddaten, während adaptive Algorithmen kontinuierlich die Fluchtwegführung anpassen (vgl. Millstein, 2020, S. 11).

Diese Technologien bilden die Grundlage für ein intelligentes, responsives Leitsystem, das sich in Echtzeit an die jeweilige Gefahrenlage anpasst. Abschließend lässt sich festhalten, dass durch die Kombination von Kameratechnologie, adaptiver Nutzerführung, multimodalem Feedback und digitaler Gebäudevernetzung ein zukunftsweisendes, barrierefreies Evakuierungskonzept realisierbar ist, das die Autonomie und Sicherheit sehbehinderter Menschen in Notfallsituationen nachhaltig verbessert.

4. Conclusio

4.1. Gewonnene Erkenntnisse

Eine Analyse von Expert*innen-Interviews und einschlägiger Fachliteratur offenbart, dass sehbehinderte Menschen in Notfallsituationen mit signifikanten Herausforderungen konfrontiert sind. Die Orientierung innerhalb von Gebäuden stellt bereits unter regulären Bedingungen eine Schwierigkeit dar, die sich im Notfall durch Stress, Panik und unzureichende barrierefreie Maßnahmen zusätzlich verschärft. Die Mehrheit der existierenden Flucht- und Rettungspläne ist visuell orientiert und beinhaltet Schilder, Fluchtpläne oder Lichtsignale, was sehbehinderten Personen den Zugang zu diesen lebenswichtigen Hinweisen verwehrt. Das Fehlen akustischer und haptischer Signale erschwert eine eigenständige Evakuierung erheblich. Zudem stellen temporäre Hindernisse wie Möbel, Mülltonnen oder Baustellen eine weitere Gefahr dar, da sie oft nicht rechtzeitig erkannt werden können.

Um den beschriebenen Herausforderungen zu begegnen, bieten moderne Technologien im Bereich der Künstlichen Intelligenz (KI) vielversprechende Lösungsansätze. Insbesondere KI-gestützte Objekterkennungssysteme könnten dazu beitragen, Hindernisse in Echtzeit zu identifizieren und alternative Routen zu berechnen. Die Integration von Sensorik und Internet-of-Things (IoT)-Technologien könnte Notfallsysteme so gestalten, dass sie sich dynamisch an veränderte Situationen anpassen und in Echtzeit akustische sowie haptische Orientierungshilfen bereitstellen. KI-basierte Sprachassistenten könnten darüber hinaus gezielte Anweisungen geben und eine effektive Wegführung ermöglichen. Auch Indoor-Navigationssysteme, die über WLAN, Bluetooth oder spezielle Sensoren arbeiten, stellen eine vielversprechende Möglichkeit dar, um sehbehinderten Menschen in Notfallsituationen eine sichere Orientierung zu bieten. Ein zentrales Resultat der Untersuchung ist die zunehmende Relevanz von Smartphone-Anwendungen als Unterstützung für sehbehinderte Menschen in Notfällen. Existierende Anwendungen wie BlindSquare ermöglichen zwar eine Orientierung im Alltag, sind jedoch nicht explizit für Evakuierungssituationen konzipiert. Die Expert*innen betonen, dass KI-gestützte Apps in der Lage sein sollten, Echtzeit-Warnungen, adaptive Fluchtwegempfehlungen und interaktive

Anweisungen bereitzustellen. Eine zuverlässige Offline-Funktionalität ist dabei essenziell, da in vielen Gebäuden kein stabiler Mobilfunkempfang vorhanden ist. Durch die Vernetzung mit Gebäudesensoren könnten solche Anwendungen darüber hinaus automatisch Notfallmeldungen generieren und Nutzer*innen frühzeitig auf Gefahren hinweisen.

Die vorliegende Untersuchung kommt zu dem Schluss, dass eine multimodale Kombination aus akustischen, haptischen und taktilen Signalen die optimale Lösung für eine effektive Navigation darstellt. Akustische Hinweise, wie etwa Sprachansagen oder Pieptöne, könnten ergänzend zu Vibrationen in tragbaren Geräten wie Smartphones oder Smartwatches genutzt werden, um eine eindeutige Richtungsweisung zu ermöglichen.

Haptische Bodenleitsysteme oder Induktionsschleifen könnten sehbehinderten Personen eine kontinuierliche Führung durch das Gebäude bieten und stellen somit eine vielversprechende Ergänzung dar. Die Expert*innen empfehlen, dass Notfalltechnologien auf einer Kombination dieser Methoden basieren sollten, um unterschiedliche Nutzerbedürfnisse abzudecken. Ein besonders wichtiger Aspekt ist die Echtzeit-Datenverarbeitung zur dynamischen Anpassung von Fluchtwegen. Die Unvorhersehbarkeit von Notfallsituationen, die sich häufig innerhalb weniger Sekunden ändern, macht es erforderlich, dass KI-gestützte Rettungssysteme in der Lage sind, veränderte Bedingungen wie blockierte Fluchtwege oder Feuerstellen automatisch zu erkennen und alternative Routen in Echtzeit zu berechnen. Die Nutzung von 5G- und zukünftig 6G-Technologien könnte in diesem Zusammenhang eine nahezu verzögerungsfreie Datenübertragung ermöglichen, wodurch sich Sicherheitssysteme wesentlich effizienter gestalten ließen.

Im Rahmen der Untersuchung wurden durch die Expert*innen wesentliche Anforderungen an die Gestaltung barrierefreier, KI-gestützter Apps für sehbehinderte Menschen identifiziert. Die intuitive und benutzerfreundliche Bedienung der Applikation ist dabei von zentraler Bedeutung, da diese auch in Stresssituationen problemlos nutzbar sein muss. Um den unterschiedlichen Bedürfnissen der Nutzer*innen gerecht zu werden, sind anpassbare akustische und haptische Signale erforderlich. Ebenso essentiell ist eine verlässliche Offline-Funktionalität, um die Nutzung der App auch in Umgebungen ohne Internetverbindung zu ermöglichen. Eine weitere zentrale Herausforderung stellt der Datenschutz dar, insbesondere bei der Nutzung von KI-Modellen zur Umgebungserkennung, die auf externe Server zugreifen. Schließlich ist eine erfolgreiche Integration solcher Apps in bestehende Notfallmanagementsysteme erforderlich, um eine möglichst effiziente und koordinierte Rettung zu gewährleisten.

Zahlreiche bereits existierende Technologien verdeutlichen das Potenzial von KI zur Verbesserung der Barrierefreiheit in Notfallsituationen. Google Lookout und Seeing AI nutzen KI-gestützte Objekterkennung, um visuelle Informationen in Sprache umzuwandeln, sind jedoch bislang nicht auf Notfälle spezialisiert. WeWalk Smart Cane kombiniert GPS-Navigation mit haptischem Feedback, um eine bessere Orientierung zu ermöglichen. Des Weiteren existieren Systeme wie Wayfinder oder NaviLens, die auf akustische Wegführung in komplexen Gebäuden spezialisiert sind. Auch Fortschritte in der Robotik könnten langfristig dazu beitragen, sehbehinderte Menschen im Evakuierungsfall besser zu unterstützen.

Zusammenfassend lässt sich feststellen, dass KI-gestützte Smartphone-Apps ein erhebliches Potenzial besitzen, die Sicherheit und Effizienz von Flucht- und Rettungsplänen für sehbehinderte Menschen maßgeblich zu verbessern. Die Kombination aus Echtzeit-Navigation, multimodalem Feedback und maschinellem Lernen könnte dazu beitragen, eine adaptive und praxistaugliche Lösung zu entwickeln. Es ist jedoch von entscheidender Bedeutung, dass diese Technologien in enger Zusammenarbeit mit der betroffenen Zielgruppe konzipiert werden, um eine hohe Nutzerfreundlichkeit und praktische Anwendbarkeit sicherzustellen. Innovative KI-gestützte Rettungssysteme haben das Potenzial, sehbehinderten Menschen ein höheres Maß an Sicherheit und Autonomie in Notfallsituationen zu ermöglichen.

4.2. Fazit

Es wurde festgestellt, dass Menschen mit Sehbehinderung in Notfällen mit großen Herausforderungen konfrontiert sind, die auf das Fehlen barrierefreier Orientierungshilfen zurückzuführen sind. KI-basierte Technologien, wie etwa Echtzeit-Navigation, Objekterkennung und multimodales Feedback, bieten vielversprechende Lösungsansätze.

Smartphone-Apps mit Sprachassistenz, haptischen und akustischen Signalen könnten die Sicherheit erheblich verbessern, wenn sie offline nutzbar, intuitiv bedienbar und mit Gebäudesensorik vernetzt sind. Ferner ermöglichen Fortschritte in 5G- und 6G-Technologien eine dynamische Anpassung der Fluchtwege.

Obwohl bestehende Systeme wie Google Lookout oder NaviLens Potenzial zeigen, sind sie nicht für Notfälle optimiert. Eine nutzerzentrierte Entwicklung und interdisziplinäre Zusammenarbeit sind daher essenziell, um adaptive und effiziente Rettungssysteme bereitzustellen.

4.3. Kritik und Ausblick

KI-gestützte Assistenzsysteme gelten als zukunftsweisende Lösung für die Verbesserung von Notfall- und Evakuierungssituationen – insbesondere im Hinblick auf die Bedürfnisse von Menschen mit Behinderungen. Trotz des vielversprechenden Potenzials bestehen jedoch nach wie vor zentrale Herausforderungen bei der praktischen Umsetzung. Dazu zählen insbesondere Datenschutzaspekte, technische Abhängigkeiten sowie die Notwendigkeit einer stabilen Offline-Funktionalität. Für eine erfolgreiche Implementierung ist zudem die enge Kooperation mit Rettungsdiensten und dem Gebäudemanagement unerlässlich. Auch die fehlende Standardisierung stellt ein wesentliches Problem dar. Barrierefreie Technologien im Notfallkontext existieren bislang nur in Einzelfällen und sind selten systematisch getestet worden. Zukünftige Forschung sollte daher verstärkt auf die Entwicklung, Erprobung und Optimierung solcher Systeme in realen Szenarien abzielen. Ein besonderer Fokus sollte hierbei auf der individuellen Anpassungsfähigkeit, der Weiterentwicklung von Echtzeit-Sensortechnologien und multimodalen Feedbacksystemen, sowie auf einem ganzheitlichen Notfallmanagement liegen, das barrierefreie Lösungen in die öffentliche Infrastruktur integriert. Die Zusammenarbeit aller beteiligten Akteure – von Technologieentwickler*innen über Rettungskräfte bis hin zu Betroffenen – ist dabei essenziell.

Vor dem Hintergrund dieser allgemeinen Anforderungen und Herausforderungen lässt sich auch meine eigene Forschung kritisch reflektieren. Trotz sorgfältiger Planung weist die durchgeführte Untersuchung einige Limitationen auf, die im Sinne einer konstruktiven Selbstreflexion zu berücksichtigen sind. Eine der zentralen Einschränkungen liegt in der relativ kleinen Stichprobe der geführten Expert*innen Interviews. Zwar wurden diese gezielt ausgewählt und thematisch passend eingebunden, dennoch wäre die Integration von Nutzer*innenperspektiven – insbesondere von Personen mit Behinderungen – eine wichtige Erweiterung gewesen, um die Praxisnähe der Ergebnisse zu erhöhen.

Ein weiterer Aspekt betrifft den starken Fokus auf technologische Lösungsansätze. Während dies der thematischen Ausrichtung entspricht, wurden soziokulturelle, rechtliche und organisatorische Rahmenbedingungen – etwa institutionelle Zuständigkeiten oder Akzeptanzfragen – nur am Rande berücksichtigt. Rückblickend hätte eine breitere interdisziplinäre Betrachtung einen umfassenderen Blick auf die Umsetzbarkeit der vorgeschlagenen Konzepte ermöglicht. Auch die Ausgestaltung des Interviewleitfadens erwies sich als eher lösungsorientiert, wodurch explorative und offene Perspektiven der Befragten möglicherweise zu kurz kamen. Ergänzende Methoden wie teilnehmende Beobachtungen oder Fokusgruppen könnten hier zukünftig hilfreich sein.

5. LITERATURVERZEICHNIS

Andelfinger V.P., Hänisch T. (2015). *Internet der Dinge,Technik,Trends und Geschäftsmodelle.* Verlag: Springer Gabler Fachmedien Wiesbaden. https://link.springer.com/book/10.1007/978-3-658-06729-8

Antona M., Stephanidis C., (2019). *Universal Access in Human-Computer Interaction Theory, Methods and Tools.* Verlag: Springer Nature Switzerland AG. https://link.springer.com/book/10.1007/978-3-030-23560-4

Ariadne GPS Mobility and map exploration for all (abgerufen am 17.10.2024). Ariadne GPS – Mobility and map exploration for all

Ausschus für Arbeitsstätten (ASTA), 2024. ASR A2.3 – Fluchtwege und Notausgänge. Bundesanstalt für Arbeitsschutz und Arbeitsmedizin (BAuA). BAuA - Regelwerk - ASR A2.3 "Fluchtwege und Notausgänge" - Bundesanstalt für Arbeitsschutz und Arbeitsmedizin

AutoCAD Magazin (abgerufen am 16.10.2024) - Autodesk University 2023: Künstliche Intelligenz für Design und Fertigung. https://www.autocad-magazin.de/autodesk-university-2023-kuenstliche-intelligenz-fuer-design-und-fertigung/

Bayerische Architektenkammer (abgerufen am 16.09.2024). Barrierefreies Bauen DIN 18040 Teil 3. Barrierefreies Bauen DIN 18040 Teil 3: Öffentlicher Verkehrs- und Freiraum - Bayerische Architektenkammer

BeMyEyes (abgerufen am 18.10.2024) Unterstütze blinde und sehbehinderte Menschen. Be My Eyes - Unterstütze blinde und sehbehinderte Menschen

Bell J., Gifford T., (2023). *Using Assistive Technology for Inclusive Learning in K-12 Classrooms.* Verlag: IGI Global.
Using Assistive Technology for Inclusive Learning in K-12 Classrooms - Google Books

Berufsverband der Augenärzte (abgerufen am 13.09.2024). Blindheit und Sehbehinderung in Deutschland: Ursachen und Häufigkeit.
https://www.augeninfo.de/cms/fileadmin/PDF/0512aa_267.pdf

Bishop C.M. (2006). *Pattern Recognition and Machine Learning.* Verlag: Springer Science+Busines Media,LLC Singapore.
https://www.microsoft.com/en-us/research/uploads/prod/2006/01/Bishop-Pattern-Recognition-and-Machine-Learning-2006.pdf

BlindSquare (abgerufen am 17.10.2024). Was ist BlindSquare?
Was ist BlindSquare? – BlindSquare

Blinden- und Sehbehindertenverein Westfalen e.V., (abgerufen am 20.09.2024). Großschrift Screenreader.
Großschrift Screenreader - www.bsvw.org

Bogner A., Littig B.,Menz, W. (2014). *Interviews mit Experten: Eine praxisorientierte Einführung.* Springer Publishing.
Interviews mit Experten: Eine praxisorientierte Einführung | SpringerLink

Bozanic M., Sinha S., (2021). *Mobile Communication Networks: 5Ganda Visionof 6G*. Verlag: Springer International Publishing.
Mobile Communication Networks: 5G and a Vision of 6G | springerprofessional.de

Braunecker C. (2016). *How to do Empirie, how to do SPSS - Eine Gebrauchsanleitung.* Verlag: Facultas Wien.
https://www.utb.de/doi/book/10.36198/9783838586854

Brewster S. (2002). Overcoming the lack of screen space on mobile computers. Personal and Ubiquitous Computing. Springer Publishing
https://link.springer.com/article/10.1007/s007790200019

Brewster S., Chohan F., Brown, L. (2007). *Tactile feedback for mobile interactions. CHI '07: Proceedings of the SIGCHI Conference on Human Factors in Computing Systems.* Publisher Association for Computing Machinery New York,NY,United States https://dl.acm.org/doi/abs/10.1145/1240624.1240649

Brownlee J. (2017). *Long Short-Term Memory Networks With Python.Develop Sequence Prediction Models With Deep Learning.* Verlag: Maschine Learning Mastery.

Long Short-Term Memory Networks With Python: Develop Sequence Prediction ... - Jason Brownlee - Google Books

Bryden D. (2014). *CAD and Rapid Prototyping for Product Design.* Verlag: Laurence King Publishing London.

https://books.google.de/books/about/CAD_and_Rapid_Prototyping_for_Product_De.html?id=qKt1ngEACAAJ&redir_esc=y

BS Brandschutz im Bauwesen (abgerufen am 05.03.2025). Digitalisierung in der Brandschutztechnik.

Digitalisierung in der Brandschutztechnik - BS BRANDSCHUTZ

Bundesministerium für Gesundheit, (abgerufen am 13.09.2024). Sehbehinderte.

https://www.bundesgesundheitsministerium.de/suche.html

bfb - Barrierefrei bauen bfb (abgerufen am 05.03.2025). Brandschutz.

Barrierefreier Brandschutz – Evakuierungskonzepte für alle

Deutscher Blinde- und Sehbehindertenverband e.V. (abgerufen am 13.09.2024). Zahlen & Fakten Sehbehinderung.

https://www.dbsv.org/zahlen-fakten.html#struktur

Deutsches Institut für Medizinische Dokumentation und Information (abgerufen am 13.09.2024). Krankheit des Auges und der Augenanhangsgebilde (H00-H59).

https://www.dimdi.de/static/de/klassifikationen/icd/icd-10-who/kode-suche/htmlamtl2016/block-h53-h54.htm

DGWZ (abgerufen am 05.03.2025). Übersicht zu Fluchtwegsimulation.
Fluchtwegsimulation - DGWZ

Dickinson C., Hernández T. A., Crossland M., (2022). *Low Vision, Principles and Management.* Verlag: Elsevier Health Sciences.
https://books.google.de/books/about/Low_Vision.html?id=kfiZEAAAQBAJ&redir_esc=y

DIN Deutsches Institut für Normung, (2010). DIN ISO 23601:2009, DIN Deutsches Institut für Normung e.V., Beuth Verlag GmbH
DIN ISO 23601 - 2010-12 - DIN Media

DIN 32989 Barrierefreie Gestaltung-Taktile Karten (abgerufen am 21.10.2024).
DIN 32989 - Barrierefreie Gestaltung - Taktile Karten

DLR Intranet (abgerufen am 17.10.2024) DLR Sicherheit.
DLR Sicherheit (TI-SIH): Über die Organisationseinheit (DLR-Intranet)
Vorschrift (Anweisung): Informieren Sie sich über Flucht- und Rettungswege (auch auf Dienstreisen) und über Notfalleinrichtungen - Dokumente und Links (DLR-Intranet)

Döring N., Bortz J., (2023). *Forschungsmethoden und Evaluation in den Sozial- und Humanwissenschaften* (5. Auflage). Berlin: Springer
Forschungsmethoden und Evaluation in den Sozial- und Humanwissenschaften - Nicola Döring, Jürgen Bortz - Google Books

Draaser M.W., (2023). *5G und 6G Technologien, die die Welt verändern. Die Schlüsseltechnologien des 21. Jahrhundertsund ihre Auswirkungen auf unser Leben.* Verlag: BoD - Books on Demand.
5G und 6G: Technologien, die die Welt verändern - Google Books

Europäische Kommission (abgerufen am 30.04.2025). Vorschlag für eine Verordnung des Europäischen Parlaments und des Rates zur Festlegung harmonisierter Vorschriften für künstliche Intelligenz (Gesetz über künstliche Intelligenz) und zur Änderung bestimmter Rechtsakte der Union (COM(2021) 206 final).

EUR-Lex - 52021PC0206 - EN - EUR-Lex

Experten für Notlicht (abgerufen am 11.04.2025). Vorschriftenkurzübersicht Sicherheitsbeleuchtung in DE.

4009990004_FO_de_din_Vorschriftenkurzübersicht_A4Q_20250114.indd

Fabig C., Haasper A., (2023). *Information Security Smarte Lösungen zu neuartigen Bedrohungen und erweiterter Regulatorik.* Verlag: BoD - Books on Demand, Norderstedt.

Information Security - Google Books

FeuerTruz (abgerufen am 06.03.2025). Brandschutzordnung (Teil A, B und C) nach DIN 14096.

Brandschutzordnung (Teil A, B und C) nach DIN 14096

Franco E., Matamala A., Orero P., (2010). *Voice-over translation An Overview.*Verlag: Peter Lang AG, International Academic Publishers, Bern Switzerland.

https://books.google.de/books/about/Voice_over_Translation.html?id=pYdjQuNIJfMC&redir_esc=y

Gläser, J. & Laudel, G. (2009*). Experteninterviews und qualitative Inhaltsanalyse: als Instrumente rekonstruierender Untersuchungen*. VS Verlag für Sozialwissenschaften.

Experteninterviews und qualitative Inhaltsanalyse: als Instrumente rekonstruierender Untersuchungen | SpringerLink

Glück H., Rödel M., (2016) Metzler Lexikon Sprache 5., aktualisierte und überarbeitete Auflage Mit 52 Abbildungen und 12 vierfarbigen Karten. 2016 J. B. Metzler Verlag GmbH, Stuttgart.

https://epub.ub.uni-muenchen.de/56255/

Google Play (abgerufen am 17.10.2024). Lookout-Unterstütztes Sehen.

Lookout – Unterstütztes Sehen – Apps bei Google Play

Gutenberger-Gesundheitsstudie (abgerufen am 13.09.2024). Augenerkrankungen.
Institut für Humangenetik | Augenerkrankungen (unimedizin-mainz.de)

Haufe (abgerufen am 06.03.2025). Evakuierungshelfer: Aufgaben, Pflichten und Schulung.
Evakuierungshelfer: Aufgaben, Ausbildung & Brandschutz | Arbeitsschutz | Haufe

Hochschule Konstanz (abgerufen am 20.09.2024). Information zur barrierefreien Bedienung.
Information zur barrierefreien Bedienung - Muster-Hochschule (htwg-konstanz.de)

Johns Hopkins Applied Physics Laboratory (abgerufen am 05.03.202). News Release.
Johns Hopkins Researchers Develop AI-Enhanced Navigation System for Visually Impaired | Johns Hopkins University Applied Physics Laboratory

Jurafsky D. Martin J.H., (2024). *Speech and Language Processing. An Introduction to Natural Language Processing, Computational Linguistics, and Speech Recognition with Language Models.* Pearson Prentice Hall, New Jersey.
ed3bookaug20_2024.pdf (stanford.edu)

Kakinouchi M., Omote K., (2023). Security Education Using Screen Reader:Utilizing a Problem-Posing Approach. Publisher: IEEE Las Vegas,NV,USA.
https://ieeexplore-1ieee-1org-13oz5a7bs08f0.han3.donau-uni.ac.at/stamp/stamp.jsp?tp=&arnumber=10487466

Kern T.A. (Hrsg.), Matysek M., Meckel O., Rausch J., Rettig A., Röse A., Sindlinger S., (2009). *Entwicklung Haptischer Geräte. Ein Einstieg für Ingenieure*. Springer-Verlag Berlin Heidelberg.
https://link.springer.com/book/10.1007/978-3-540-87644-1

Khang A., Abdullayev V., Hahanov V.,Shah V. (2024). *Advanced IoT Technologies and Applications in the Industry 4.0 Digital Economy.* Verlag: CRC Press. Advanced IoT Technologies and Applications in the Industry 4.0 Digital Economy - Google Books

Koenig A.J., M.C.Holbrook (2000).*Foundations of Education: Second Edition Volume II Instructional Strategiesfor Teaching Childrenand Youths with Visual Impairments.* Verlag: American Foundation for the Blind. https://books.google.de/books/about/Foundations_of_Education_Instructional_s.html?id=0CmK1k4mHj0C&redir_esc=y

Kone (abgerufen am 05.03.2025). Im Brandfall? Aufzug benutzen! Evakuierungsaufzüge | KONE Deutschland - KONE Deutschland

Krebs, J. (2007). *Basics CAD - Fundamentals of Presentation CAD.* Verlag: Walter de Gruyter GmbH. https://books.google.de/books/about/Basics_CAD.html?id=d9RTAAAAMAAJ&redir_esc=y

Kuber, R., Hastings, A., Tretter, M., Fitzpatrick, D., (2012). *Determining the accessibility of mobile screen readers for blind users. f Mobile Screen Readers for Blind Users. In proceedings of IASTED Conference on Human-Computer Interaction, Baltimore, USA, S.182-189.*University of Maryland, Baltimore Country,Baltimore. https://mdsoar.org/items/9d37ae67-6416-4455-b561-88b74a1aade0

Lang M., Thiele M. (2020). *Schüler mit Sehbehinderung und Blindheit im inklusiven Unterricht Praxistipps für Lehrkräfte.* Ernst Reinhardt Verlag GmbH & Co KG München. https://books.google.de/books/about/Schüler_mit_Sehbehinderung_und_Blindhei.html?id=oXRzQEACAAJ&redir_esc=y

Lang M., Heyl V. (2021). *Pädagogik bei Blindheit und Sehbehinderung.* Stuttgart: W. Kohlhammer Verlag GmbH. Pädagogik bei Blindheit und Sehbehinderung

Lazarillo app (abgerufen am 17.10.2024).

Lazarillo - Inclusive Navigation and Accessible Mapping for Indoor and Outdoor Spaces

Lyu Y., Wang H. (2025). Fire Evacuation for People with Functional Disabilities in High-Rise Buildings: A Scoping Review. *Buildings*, 15, 634.

Fire Evacuation for People with Functional Disabilities in High-Rise Buildings: A Scoping Review

Mayring, P. (2015). *Qualitative Inhaltsanalyse: Grundlagen und Techniken (Beltz Pädagogik) (Neuausgabe).* Verlag: Beltz. https://www.beltz.de/fachmedien/pedagogik/produkte/deteils/48632-qualitative-inhaltsanalyse.html

Microsoft (abgerufen am 17.10.2024). Seeing AI.

Seeing AI | Microsoft Garage

Miesenberger K., Klaus J., Zagler W., Karshmer A. (Eds.), (2008). *Computers Helping People with Special Needs.* Springer-Verlag Berlin Heidelberg.

https://link.springer.com/book/10.1007/978-3-540-70540-6

Millstein F. (2020). Neural Networks in Python: Beginner's Guide To Convolutional Neural Networks In Python. Verlag: Maschine Learning Mastery.

Convolutional Neural Networks In Python: Beginner's Guide To Convolutional ... - Frank Millstein - Google Books

Morat D., Ziemer H., (2018). *Handbuch Sound. Geschichte - Begriffe – Ansätze J. B. Metzler.* Stuttgart Springer-Verlag: GmbH Deutschland, ein Teil von Springer Nature, 2018.

https://link.springer.com/book/10.1007/978-3-476-05421-0

Seeing AI | Microsoft Garage

Nemetschek Group (abgerufen am 16.10.2024) - Die Rolle von künstlicher Intelligenz im Gebäudelebenszyklus.

https://blog.nemetschek.com/de-de/themen-und-insights/die-rolle-von-kuenstlicher-intelligenz-im-gebaeudelebenszyklu

Nicolau, H., Montague, K., Guerreiro, T., Rodrigues, A., Hanson, V.L., (2015). *HoliBraille: multipoint vibrotactile feedback on mobile devices. W4A '15: Proceedings of the 12th International Web for All Conference, Article No.: 30, S.1-4.* Publisher Association for Computing Machinery New York,NY,United States. https://dl.acm.org/doi/abs/10.1145/2745555.2746643

Nullbarriere.de (abgerufen am 06.03.2025). Bodenindikatoren im öffentlichen Raum. DIN 32984 - Bodenindikatoren im öffentlichen Raum

OECD (2020). *Künstliche Inteligenz in der Gesellschaft.* OECD Verlag. https://books.google.de/books/about/Künstliche_Intelligenz_in_der_Gesell sch.html?id=-irxDwAAQBAJ&redir_esc=y

Paek, T., Chickering, D.M. (2007). *Improving command and control speech recognition on mobile devices, using predictive user models for language modeling. User Modeling and User Adapted Interaction (umuai) – The Journal of Personalizatio.* Springer Publishing. https://link.springer.com/article/10.1007/s11257-006-9021-6

Prateek M., Sharma D., Tiwari R.,Sharma R.,Kumar K.,Kumar N., (2019).*Next Generation Computing Technologies on Computational Intelligence.* Springer Nature Singapore Pte Ltd. https://link.springer.com/book/10.1007/978-981-15-1718-1

PRO RETINA Deutschland e. V. (abgerufen am 05.03.2025) – Artikel über das KI-gestützte Navigationssystem. Johns Hopkins University: Forscher entwickeln KI-gestütztes Navigationssystem für Sehbehinderte – PRO RETINA

Pschyrembel (abgerufen am 11.04.2025) - Medizinischer Notfall. Pschyrembel Online | Medizinischer Notfall

Radig B. (2013). *Mustererkennung 1991 13.* DAGM-Symposium München, *Oktober 1991.* Verlag: Springer Berlin Heidelberg GmbH.

https://books.google.de/books/about/Mustererkennung_1991.html?id=t5PLBgAAQBAJ&redir_esc=y

Robles Á., De Jesús T.,Rodríguez Á, Javier F. & Edgard B.G.,(2019). *User-Centered Software Development for the Blind and Visually Impaired.* Verlag: IGI Global.

https://books.google.de/books/about/User_Centered_Software_Development_for_t.html?id=gP7EvgEACAAJ&redir_esc=y

Rosenfeld R. (2000). Two decades of statistical language modeling: Where do we go from here? Proceedings of the IEEE

IEEE Xplore Full-Text PDF:

SafeREACH (abgerufen am 11.04.2025) - Notfall Definition & Erklärung.

Notfall Definition: Was ist ein (medizinischer) Notfall?

ScienceDirect (abgerufen am 11.04.2025) - Notfallsituation.

Emergency Situation - an overview | ScienceDirect Topics

Statista (abgerufen am 05.03.2025). Feuerweher in Deutschland.

Feuerwehr in Deutschland | Statista

Stapelkamp T. (2012). *Informations-visualisierung Web - Print – Signaletik Erfolgreiches Informationsdesign: Leitsysteme, Wissensvermittlung und Informationsarchitektur.* Verlag: Springer- Berlin Heidelberg.

Informationsvisualisierung: Web - Print - Signaletik. Erfolgreiches ... - Torsten Stapelkamp - Google Books

Stricker H.P. (2024). *Sprachmodelle verstehen. Chatbots und generative künstliche Intelligenz im Zusammenhang.* Verlag: Springer Berlin/Heidelberg.

https://link.springer.com/chapter/10.1007/978-3-662-68280-7_2

Taylor P., (2009). *Text-to-Speech Synthesis*. Verlag: Cambridge University Press.

https://books.google.de/books/about/Text_to_Speech_Synthesis.html?id=BFnkm-FpBAUC&redir_esc=y

Feuerwehr in Deutschland | Statista

Universität Augsburg (abgerufen am 16.10.2024) - Mit KI schneller zum fertigen Produkt-Pressemitteilung 06/23 - 31.01.2023. https://www.uni-augsburg.de/de/campusleben/neuigkeiten/2023/01/31/mit-ki-schneller-zum-fertigen-produkt/

Voice Dream Reader (abgerufen am 17.10.2024). Voice Dream Reader - Text to Speech App

Wall S.A., Brewste, S.A. (2006). Tac-tiles: multimodal pie charts for visually impaired users, NordiCHI '06: Proceedings of the 4th Nordic conference on Human-computer interaction: changing roles. Publisher Association for Computing Machinery New York,NY,United States. https://dl.acm.org/doi/10.1145/1182475.1182477

Walthes R. (2022). *Einführung in die Pädagogik bei Blindheit und Sehbeeinträchtigung.* München: Ernst Reinhardt Verlag GmbH & Co KG. https://books.google.de/books/about/Einführung_in_die_Pädagoglk_bei_Blindh.htm?id=hiBZEAAAQBAJ&redir_esc=y

Weigelt S., (2022). *Eine agentenbasierte Architektur für Programmierung mit gesprochener Sprache.* Karlsruher Institut für Technologie (KIT) KIT Scientific Publishing Straße am Forum 2D-76131 Karlsruhe. https://publikationen.bibliothek.kit.edu/1000135414

Wohrld Health Organization Blindess and vision impairment (abgerufen am 12.09.2024). https://www.who.int/news-room/fact-sheets/deteil/blindness-and-visual-impairment

Wotha, B., & Dembowski, N. (2017). Leitfaden–qualitative Interviews (abgerufen am 21. 10. 2024). Leitfaden – qualitative Interviews

Wu N., (2012). *The Maximum Entropy Method*. Springer-Verlag: Berlin Heidelberg New York.

https://link.springer.com/book/10.1007/978-3-642-60629-8

Zaripour M., (2024). *A Comprehensive Guide to Navigating Windows with Job Access With Speech*. Published by: Library and Archives Canada550 de la Cité Boulevard Gatineau, Quebec J8T 0A7.

https://www.google.com/search?tbm=bks&q=Zaripour+M.%2C2024%2C+A+Comprehensive+Guide+to+Navigating+Windows+with+Job+Access+With+Speech

Zentrum Bayern Familie und Soziales (abgerufen am 13.09.2024). Bayerisches Blindengeld.

ZBFS - Suche (bayern.de)

6. Hilfsmittel

Im Rahmen der vorliegenden Master-Thesis wurde GPT-4 von OpenAI als unterstützendes Instrument für Paraphrasierung und Formulierung eingesetzt. Die direkten Ergebnisse sowie weiterführende Interaktionen mit GPT-4, die in der Master-Thesis einflossen, sind im Text gekennzeichnet.

7. Anhang

Anhang I: Datenschutzerklärung

DATENSCHUTZERKLÄRUNG

Datenschutzerklärung im Rahmen meiner Master-Thesis zum Thema „Die Verbesserung der Effizienz von Flucht- und Rettungsplänen für sehbehinderte Menschen in Notfallsituationen durch den Einsatz von KI-gesteuerten Smartphone -Apps" an der Universität für Weiterbildung Krems

Verantwortliche gem. Art 4 Z 7 DSGVO
Josipa Bicanic | jopy.bi@web.de | Straße | Ort |
Verarbeitungszweck
Zur Erforschung der Verbesserung der Effizienz von Flucht- und Rettungsplänen für sehbehinderte Menschen in Notfallsituationen durch den Einsatz von KI-gesteuerten Smartphone -Apps nehmen Sie am DATUM um ZEIT an einem Interview teil, das elektronisch aufgezeichnet und in Folge durch mich verschriftlicht wird. Dabei erhebe ich von Ihnen: Daten zur Person, Erfahrungen und Ihre Meinung zum Thema der Verbesserung der Effizienz von Flucht- und Rettungsplänen für sehbehinderte Menschen in Notfallsituationen durch den Einsatz von KI-gesteuerten Smartphone -Apps.

Die Transkription bzw. zusammenfassende Verschriftlichung der Gesprächsinhalte des Interviews erfolgt unter Verwendung eines Codes, der personenbezogenen Angaben ersetzt. **Für die Präsentation der Studienergebnisse wird ausschließlich auf diese pseudonymisierten Datensätze zurückgegriffen.**

Rechtsgrundlagen

Art. 85, 89 DSGVO iVm § 2f Abs 5 Forschungsorganisationsgesetz (FOG) [Für Zwecke der Lehre, insbesondere das Verfassen schriftlicher Seminar- und Prüfungsarbeiten, Bachelorarbeiten sowie wissenschaftlicher und künstlerischer Arbeiten durch Studierende, dürfen sämtliche personenbezogene Daten verarbeitet werden, wenn sichergestellt ist, dass – außer zulässigen Verarbeitungen – keine Übermittlung an Empfängerinnen oder Empfänger zu anderen Zwecken als gemäß Art. 89 Abs. 1 DSGVO erfolgt.]
Empfänger*innen
In Ihre Kontaktdaten, Transkripte, Audio- bzw. Videoaufnahmen kann ich vertraglich im Lehrbetrieb zur Betreuung meiner wissenschaftlichen Arbeit verpflichtete Personen bei Bedarf Einsicht gewähren. Eine Weiterverarbeitung zu anderen Zwecken schließe ich dadurch aus.

Die Ergebnisse der Studie wird gem. §86 UG bei Master-Thesen in der Bibliothek der Universität für Weiterbildung Krems veröffentlicht.
Drittlandsübermittlung
Sofern durch Verwendung der Videokonferenzplattform ausschließlich während des Interviews personenbezogene Daten in Drittländer (z.B. USA) übertragen werden, so basiert dies dem zwischen mir und der Auftragsverarbeiterin abgeschlossenen Standarddatenschutzklauseln.
Speicherfrist
Ihre Kontaktdaten, Audio- bzw. Videoaufnahmen werden ab Veröffentlichung nach § 2f Abs 3 FOG aufbewahrt werden.
Rechtsbelehrung
Zur Ausübung der Rechte auf Auskunft, Löschung gem. Art. 15 – 20 DSGVO bitte um Kontaktaufnahme mit mir unter den oben angegebenen Kontaktdaten.

Unter diesen Bedingungen erkläre ich mich bereit, das Interview zu geben, und bin damit einverstanden, dass es aufgezeichnet, verschriftlicht, anonymisiert und ausgewertet wird.

Ort,Datum,Unterschrift Interviewte/r	Ort,Datum,Unterschrift Interviewerin

ANHANG II: VOLLSTÄNDIGE INTERVIEWERGEBNISSE

P1:

A: Könnten Sie sich bitte kurz vorstellen?

B: Mein Name ist C.H., bin 36 Jahre alt und komme aus Hausen bei Geltendorf es liegt am Landkreis Landsberg am Lech und da bin ich bei der Freiwilligen Feuerwehr tätig.

A: Wie lange sind sie bereits in Ihrem Fachgebiet tätig und was sind Ihre Hauptaufgaben?

B: Ich bin seit September 2006 bei der Freiwilligen Feuerwehr Hausen, bei Geltendorf tätig. Seit 2010 bin ich ausgebildeter Atemschutzgeräteträger und seit 2012 bin ich ausgebildeter Maschinist. Ja natürlich kommen wir in verschiedenen Einsätzen immer in Kontakt mit Flucht und Rettungswegen, Plänen und benötigen die teilweise grad in öffentlichen Gebäuden, wo wir uns natürlich jetzt schlecht orientieren können und dann natürlich nicht sofort auskennen und das ist auch teilweise Neuland für uns.

A: Welche spezifischen Herausforderungen sehen Sie für sehbehinderte Menschen in Notfallsituationen, insbesondere bei der Orientierung und Evakuierung?

B: Hm ja, ich sehe Informationsdefizite, Sehbehinderte Menschen können auf visuelle Fluchtpläne oder Alarme eigentlich ja nur eingeschränkt zugreifen was die schnelle Orientierung sehr erschwert. Dann fehlende Systeme wie Notfallsituationen die erfordern oft dynamische Lösungen, die sich an die veränderten Bedingungen anpassen, ja was eigentlich bisher kaum umgesetzt wird. Dann ja die meisten Evakuierungssysteme sind für die Personen mit uneingeschränktem Sehvermögen ausgelegt, was es eigentlich zur sozialen Ausgrenzung in Notsituationen führt.

A: Welche Technologien oder Methoden insbesondere im Bereich der Künstlichen Intelligenz, sehen Sie als vielversprechend, um die Effizienz von Rettungsplänen für sehbehinderten Menschen zu verbessern?

B: Ja, wenn ich jetzt einfach mal das Thema Objekterkennung nehme, es gibt ja KI gestützte Objekterkennung, die können zum Beispiel Hindernisse und relevante Elemente wie Türen oder Treppen die könnten zum Beispiel in Echtzeit identifiziert werden. Dann sprach Assistenzsystem wie Voice Over oder der TalkBack die könnten im Notfall- Apps integriert werden, ja die Informationen einfach bereitzustellen. Dann ja durch Datenanalyse könnten potenzielle Gefahren vorhergesagt und dadurch personalisierte Fluchtwege vorgeschlagen werden.

A: Welche Rolle spielt die Verwendung von Smartphone-Apps zur Unterstützung sehbehinderter Menschen in Notfallsituationen bereits heute? Welche Potenziale sehen Sie hier für die Zukunft?

B: Hm, ja aktuell Smartphone Apps wie, wie BlindSquare die bieten grundlegende Orientierungshilfen allerdings eher vorwiegend für den Außenbereich, für Innenbereich oder vom der Innenbereich Nutzung bin ich da jetzt nicht so ganz überzeugt. Zukünftige Möglichkeiten wären die Verbindung einfach von von Echtzeit- Sensordaten und KI-Algorithmen die könnten Apps ermöglichen spezifische Evakuierungsanweisungen zu geben und ja auf den individuellen Standort und die aktuelle Gefahrensituation einfach abgestimmt werden.

A: Welche Kombination aus akustischen, haptischen oder anderen sensorischen Modalitäten erscheint Ihnen am effektivsten, um sehbehinderten Menschen klare und verständliche Navigationsanweisungen zu geben?

B: Ne, ich find zum Beispiel so haptische Hinweise, wenn ich jetzt einfach ein Vibrationsmuster nehme das könnte einfach die Richtung anzeigen, dass ich jetzt einfach sag, die Vibration wird stärker umso stärker Vibration ist um so nahe gelegen ist einfach die Gefahrenstelle, die Gefahrensituation und dadurch könnte dieses sowas mit Vibrationsmuster signalisieren. Dann zum Beispiel akustische Unterstützung das würde ja aktuell schon in den Städten genutzt, wenn ich jetzt einfach mal ne ganz normale Ampel betrachte, dann würde sowas schon verwendet und mai warum dann nicht in Notfallsituationen auch. Dann könnte ich zum Beispiel jetzt auch ja sprachbasierte Anweisungen oder wie jetzt Vorerst Beispiel genannt mit der Ampel einfach tonale Hinweise mit Piepton oder des bekannten Klick

Geräusch, ja dadurch kann ich höher schon auf Gefahren aufmerksam machen. Und ja dann, wenn ich jetzt einfach die Kombination aus beidem nehme, dann hab ich schon wieder einfach eine gewährleistete Redundanz und dadurch verbessere ich ja schon die Wahrnehmung unter stressigen Bedingungen.

A: Wie wichtig erachten Sie die Fähigkeit von Rettungssystemen, in Echtzeit auf Veränderungen zu reagieren (z.B. blockierte Fluchtwege, Feuer)?

B: Ja, Echtzeit ist natürlich im Notfall Situationen immer, immer der Schlüssel. Echtzeit ist in Notfällen immer sehr wichtig und finde ich persönlich auch sehr wichtig in Echtzeit zu reagieren, was natürlich auch nicht immer möglich ist, aber für eine effektive Evakuierung wäre Echtzeit in Notfallsituationen sehr wichtig, so dass sich die Bedingungen ja schnell und meistens sehr drastisch und zum Negativen ändern können. Ähm ein praktischer Nutzen wäre Systeme könnten alternative Routen vorschlagen oder einfach der Sicherheitszone markieren falls jetzt einfach die die ursprünglichen Pläne unbrauchbar werden. Dann zum Beispiel vorhandene Sensoren nutzen, ähm wie jetzt ein Rauchmelder oder Bewegungsmelder die in Gebäuden ja oft verbaut sind, wenn ich diese Daten ähm die was durch die Melder genutzt werden, wenn ich diese unmittelbar verarbeiten könnt und einfach barrierefrei Hinweise umwandeln könnte, da dadurch könnt ich mal schon riesen Vorteil erschaffen.

A: Was sind Ihrer Meinung nach den wichtigsten Faktoren, die bei der Entwicklung barrierefreier KI-gesteuerter Apps für sehbehinderte Menschen berücksichtigt werden müssen?

B:Also, sehr wichtig würde ich finden einfach die Personen miteinzubeziehen denen mann ,Notfallsituationen erleichtern möchte, beziehungsweise ähm einfach die sehbehinderten Menschen die gehören für mich bei der Entwicklung komplett mit einbezogen, weil um diese Personen gehet es ja und die können einfach ja also das wär würde ich sehr wichtige achten sehbehinderte Personen in die Entwicklungsphase komplett mit einzubeziehen. Dann sollten aus meiner Sicht sollten Apps ganz klar und strukturiert und einfach zu bedienen sein. Grad in

Stresssituationen ist das total wichtig. Dann auf sowas muss ich mir natürlich verlassen können, die Funktion der App, muss einfach auch bei schlechten Netzwerkbedingungen oder bei total Stromausfällen einfach gegeben sein.

A: Wie könnte die Benutzerfreundlichkeit von Smartphone-Apps für sehbehinderte Menschen in Notsituationen verbessert werden, insbesondere im Hinblick auf intuitive Bedienbarkeit und schnelle Navigation?

B: Ja, zum Beispiel einen Notfallmodus einfach eine automatische Aktivierung von einer vereinfachten Benutzeroberfläche, wenn ein Notfall erkannt wird, dann ist es immer wichtig für die beteiligten Personen das ist einfach auch sofortige Rückmeldungen gibt, einfach ein kurzes sofort es akustische Signal, oder wie vorher schon beschrieben einfach ein haptisches Feedback auf Benutzereingaben das ist für die Person schon mal sehr wichtig, dass sie einfach die Rückenmeldung bekommen der der Notfall ist nach draußen gegangen es ist was passiert. Dann wäre noch wichtig einfach ähm einfach eine Standardisierung die Symbole sollten einheitlich sein und die Bedienoberfläche sollte auch einheitlich sein und somit einfach den Umgang mit den verschiedenen Apps zu vereinfachen.

A: Können Sie Beispiele für Best Practices nennen, bei denen KI oder andere Technologien erfolgreich zur Verbesserung der Barrierefreiheit in Notfallsituationen beigetragen haben?

B: Ja, ähm als Beispiel, wenn ich jetzt Google Lookout nehmen, die nutzen jetzt schon ähm KI zur Erkennung von Objekten und Texten und helfen damit eigentlich visuelle Informationen für sehbehinderte Menschen zugänglich zu machen. Dann ja WeWalk Smart Cane ähm verbindet haptisches Feedback mit GPS Navigation um, um blinden Menschen einfach eine sichere und einfache Orientierung zu bieten. Dann, wenn ich jetzt Richtung KI gehe, einfach also wie ich vorher schon gesagt hab die KI ist ja im Kommen und warum sollte das nicht nutzen, als Beispiel KI gesteuerte Fluchtwegs Planung, Projekte im Smart Buildings integrieren, dann, ja Fluchtwege in Echtzeit zum Beispiel aktualisieren und barrierefrei gestalten, dass das wär noch was.

P2:

A: Könnten Sie sich bitte kurz vorstellen?

B: Mein Name ist M.K., ich bin 52 Jahre alt und komme aus der Gemeinde Weßling in der Landkreis Starnberg in fünf Seenland.

A: Wie lange sind Sie bereits in Ihrem Fachgebiet tätig und was sind Ihre Hauptaufgaben?

B: Aktuell ist meine Hauptaufgabe die Schwerbehindertenvertretung und Betriebsrat. Befand bin ich mit diesem Thema schon viele Jahre, da ich ähm seit circa knapp 30 Jahren in der Betriebstechnik arbeite und da schon Flucht und Rettungspläne beziehungsweise Evakuierungspläne erstellt habe.

A: Welche spezifischen Herausforderungen sehen Sie für sehbehinderte Menschen in Notfallsituationen, insbesondere bei der Orientierung und Evakuierung?

B: Notfallschilder sowie Fluchtwege sind oftmals nicht barrierefrei. Notfall Informationen erreichen sehbehinderte Menschen nicht immer rechtzeitig oder in geeigneter Form. Geeignet wäre Vibration- oder Audiosignale. Temporäre Barrieren wie Feuerlöscher, Mülltonnen, Möbel verstellen oft die Orientierung und den Rettungsweg. Oft fehlen bei der Planung von Evakuierungsmaßnahmen die Personenspezifischen Eigenschaften von sehbehinderten Menschen.

A: Welche Technologien oder Methoden, insbesondere im Bereich der Künstlichen Intelligenz, sehen Sie als vielversprechend, um die Effizienz von Rettungsplänen für sehbehinderte Menschen zu verbessern?

B: Die KI könnte in Echtzeit alternative Fluchtwege berechnen oder Baumaßnahmen um falls Temperieren Routen blockiert sind. Roboter können sehbehinderte Menschen sicherlich auch durch schwierige Umgebungen navigieren. Sensoren und KI könnten auf Basis von

Umgebungserkennung (z. B. Rauch, Menschenmengen) reagieren und akustische Warnungen ausgeben.

A: Welche Rolle spielt die Verwendung von Smartphone-Apps zur Unterstützung sehbehinderter Menschen in Notfallsituationen bereits heute? Welche Potenziale sehen Sie hier für die Zukunft?

B: Bestehende Apps bieten GPS-Navigation, aber oft fehlen Indoor-Funktionen für Notfallsituationen. Sprachassistenten helfen bei der Orientierung, aber sind noch nicht fluchtspezifisch optimiert.

Echtzeit-Warnsysteme, die automatisch Notfallwege und Gefahren identifizieren. Interaktive Anweisungen mit Kombinationen aus akustischen und taktilen Feedbacks. Barrierefreie Schnittstellen, die sich an individuelle Bedürfnisse anpassen.

A: Welche Kombination aus akustischen, haptischen oder anderen sensorischen Modalitäten erscheint Ihnen am effektivsten, um sehbehinderten Menschen klare und verständliche Navigationsanweisungen zu geben?

B: Sprachbasierte Anweisungen, ergänzt durch Richtungssignale (z. B. 3D-Audio). Vibrationsmuster, die Entfernung und Richtung anzeigen (z. B. Intensität der Vibration variiert). Für Personen mit Restsehvermögen können blinkende LED-Markierungen hilfreich sein. Lichter, flackernde Lichter könnten für Menschen mit Restsehvermögen auch hilfreich sein. Synchronisierte Multisensormodalitäten minimieren Fehlinterpretationen und erhöhen die Effizienz.

A: Wie wichtig erachten Sie die Fähigkeit von Rettungssystemen, in Echtzeit auf Veränderungen zu reagieren (z. B. blockierte Fluchtwege, Feuer)?

B: Die Echtzeitreaktion ist entscheidend, da Notfallsituationen dynamisch und unvorhersehbar sind. Ein System, das Blockaden oder neue Gefahren in Echtzeit erkennt und alternative Lösungen vorschlägt, kann die Überlebensrate erheblich steigern. Dies betrifft insbesondere:

- **Evakuierung:** Umleitung zu sicheren Ausgängen.
- **Kommunikation:** Schnelles Anpassen von Anweisungen an die Situation.

A: Was sind Ihrer Meinung nach die wichtigsten Faktoren, die bei der Entwicklung barrierefreier KI-gesteuerter Apps für sehbehinderte Menschen berücksichtigt werden müssen?

B: Wichtig ist auf jeden Fall einfacher Navigation, wenige und klare definierte Schritte. Verlässliche Kommunikation, gut verständliche Sprache oder starke Vibrationen oder hörbare Signale. Wichtig ist auch die Flexibilität, Anpassung an die individuellen Bedürfnisse der Personen zum Beispiel Lautstärke, Vibrationsintensität, Lautstärke wie auch akustische Signale.

Meiner Meinung nach sehr wichtig ist auch die Robustheit, Funktion auch ohne Internetverbindung, dass das System funktioniert. Sehr wichtig auch im Gesicht meiner Funktion als Betriebsrat ist auch die Datensicherheitsschutz der individuellen Personen und der persönliche Schutz.

A: Wie könnte die Benutzerfreundlichkeit von Smartphone-Apps für sehbehinderte Menschen in Notsituationen verbessert werden, insbesondere im Hinblick auf intuitive Bedienbarkeit und schnelle Navigation?

B: Sehr wichtig in meinen Augen ist es, dass dieses Notfallsystem automatisch im Notfall anspringt und somit die Navigation von den sehbehinderten Menschen automatisch funktioniert. Sehr wichtig meiner Meinung nach ist auch die Gestensteuerung erkennen von Klopp Signalen oder einfachen Wischen. Wie bereits schon erwähnt ist für mich sehr wichtig, dass dieses ganze System die Apps und Zuverlässigkeit auch ohne Netzabdeckung funktioniert. Was aus meiner Sicht auch sehr wichtig es ist ein Echtzeit- Feedback akustische und haptische Bestätigung, dass die Eingaben korrekt waren.

A: Können Sie Beispiele für Best Practices nennen, bei denen KI oder andere Technologien erfolgreich zur Verbesserung der Barrierefreiheit in Notfallsituationen beigetragen haben?

B: Ja, lokale Sender die mit dem Smartphone kommunizieren und barrierefreie Wege anzeigen und beschreiben. Virtuelle Assistenten auf Smartphones bieten. Unterstützung bei Umgebungserkennung und spontane Unterstützung an. Zum Beispiel in Krankenhäuser oder Altersheime integrierte Alarmsysteme, Systeme die Licht, Vibration und akustische Signale kombinieren und somit alle Sinne ansprechen. Ich bin jetzt seit vielen Jahren in DLR und kennen nur diese Frucht und Rettungspläne die nicht barrierefrei in jeden ausgegangen hängen und den sehbehinderten beziehungsweise den hörbehinderten Menschen nicht helfen. Ich würde es sehr sehr begrüßen wenn eine App, eine KI diese ganzen Variationen wie Lichtsignale Vibrationen akustischen Signale vereinen könnte und somit den Menschen mit Handicap Sehbehinderung und anderen Einschränkungen, wie auch Gehbehinderung eine einfache und unkomplizierte Möglichkeit bietet ihren perfekten Flucht und Rettungsweg zu finden und somit vielen Menschen helfen zu können aus einem Gefahrenbereich rechtzeitig und sicher fliegen zu können.

P3:

A: Könnten Sie sich bitte kurz vorstellen?

B: Mein Name ist E.G., ich bin Architekt und arbeite hier im DLR als Leitung Hoch- und Tiefbau.

A: Wie lange sind Sie bereits in Ihrem Fachgebiet tätig und was sind Ihre Hauptaufgaben?

B: Ich bin seit 1995 Architekt und meine Hauptaufgaben waren lange Zeit das Bauen von Häusern in der freien Wirtschaft. ich habe auch 3 Jahre im Landratsamt gearbeitet und Baugenehmigung gemacht und jetzt bin ich hier in der deutschen Luft und Raumfahrt Institut zuständig für Facility Management und den Bau der neuen Gebäude auch von der Bauherr Seite. Ein Teil dieser Aufgaben ist zum Beispiel auch die Barrierefreiheit für Häuser zu gewährleisten und auch sicherzustellen, dass das Portfolio von Häusern von 1936 bis heute einen gemeinsamen Standard bekommt was die Sicherheiten und die Barrierefreiheit betrifft.

A: Super, welche spezifischen Herausforderungen sehen Sie für sehbehinderte Menschen in Notfallsituationen, insbesondere bei der Orientierung und Evakuierung?

B: Das Problem, was ich hier sehe bei sehbehinderten Personen ist, dass die Barrierefreiheit sehr zugunsten von Rollstuhlfahrern geht und alle anderen Behinderungen die eigentlich auch zur Barrierefreiheit gehören, eigentlich sehr vernachlässigt werden. So gibt es kaum Blindenschrift und so gibt es auch kaum Vorgaben die vom Bayerischen Bauordnung unter dem Baugesetzbuch eine dazu zwingen, das zu machen selbst die paar Barrierefreiheit Angaben die wir einhalten müssen, müssen wir nur für öffentliche Gebäude einhalten. Das heißt sobald ein Gebäude nicht öffentlich betreten werden kann, müssen wir es auch nicht barrierefrei herstellen was natürlich zur Folge hat, dass die meisten vor allem privaten Bauherren sich das Geld sparen und das Zeug nicht einbauen. Das ist hier, eigentlich würde ich mal sagen das Hauptproblem. Wir haben jetzt hier natürlich im DLR, sind wir Bund finanziert und wir gehören zur Bundesregierung und haben eine sogenannte Vorbildfunktion, müssen hier sozusagen besser sein als der Rest da draußen und auch wir haben`s nicht. Wir haben selber auch keine Behinderten, keine Blindenschrift hier, wir haben hier auch keine in Haus Funk Systeme, dann das fehlt hier eigentlich alles und noch dazu kommt, dass wir halt eine große Rage von Gebäuden haben. Die neueren sind doch tatsächlich schon sehr barrierefrei ausgestattet und gebaut, bauen wir gerade 2 die absolut barrierefrei gebaut werden, aber das ist rein freiwillig vom Bauherrn und kostet auch deutlich mehr. Allerdings haben wir Häuser von 1936 ,1970 mit jeder Menge Stolperfallen die nirgends schwellenlos sind und auch kein Leitsystem haben für diese Leute.

A: Welche Technologien oder Methoden, insbesondere im Bereich der Künstlichen Intelligenz, sehen Sie als vielversprechend, um die Effizienz von Rettungsplänen für sehbehinderte Menschen zu verbessern?

B: Bei künstlicher Intelligenz sind wir hier noch ganz, ganz hinten. Das Problem das wir haben mit Künstlicher Intelligenz ist einfach der Datenschutz, jedes Programm das künstliche Intelligenz anbietet nutzt die Sachen die man hier eingibt für seine eigenen Zwecke weiter, sprich wir können das hier im deutschen Luft- und Raumfahrt überhaupt nicht verwenden, weil einfach dadurch Wirtschaftsspionage Tür und Tor geöffnet wird. Wir haben das Problem, dass wir somit ein, eine KI selber installieren müssen die abseits vom Internet arbeitet, die sozusagen das Internet herunterlädt und das ist mit erheblichem Aufwand verbunden.

A: Welche Rolle spielt die Verwendung von Smartphone-Apps zur Unterstützung sehbehinderter Menschen in Notfallsituationen bereits heute? Welche Potenziale sehen Sie hier für die Zukunft?

B: Also in der heutigen Zeit haben wir jetzt Gott sei Dank ein flächendeckendes WLAN impliziert, können hier sich als der Gast anmelden, kann womit gewährleistet ist dass er auch mit seinem Handy oder seine Smartphone von praktisch empfangen hat. Das große Problem wäre ja sonst, dass man 90% unserer Gebäude einfach keinen Funkempfang hat und haben soll, es auch wieder wirtschaftliche Spionage usw deswegen würde einfach so ein System tatsächlich nur funktionieren, wenn die Leute in dem hauseigenen WLAN als Gast angemeldet sind. Ein System in dieser Art haben wir nicht, auch haben wir nirgends Blindenschrift, das heißt wir müssen eigentlich jemanden mitschicken mit einem Sehbehinderten der eigentlich sich diesen Menschen betreut, wir sind vielleicht jetzt auch hier in DLR eine Sondersituation das Grundstück ist gesichert wir gehören zur kritischen Infrastruktur das heißt .Wir haben auch eine Staatenliste das heißt nicht nur Behinderte sondern auch gewisse Leute aus Staaten die unserem System Check der Bundesregierung nicht genüge leisten müssen hier permanent begleitet werden. Das heißt unsere Sicherheit für solche Leute ist, dass man sie nicht alleine laufen lassen darf. Und damit haben wir wiederum genüge getan, dass wir den Menschen auch im Ernstfall aus dem Haus bekommen.

A: Okay!

B: Eins, hab ich zu sagen, anders verhält es sich natürlich wenn wir jetzt einen Behinderten einstellen. Der darf ja dann hier sein aber der wir haben meines Wissens jetzt hier keine Blinden angestellt aber das wäre dann eine ein Aufwand wo wir dann extra für ihn im praktisch die Wege entsprechend vorbereiten müssten, aber ich glaube ein Smartphone würde den, den Aufwand und vor allem auch den Erhaltungsaufwand von solchen Systemen deutlich verbessern.

A: Super, welche Kombination aus akustischen, haptischen oder anderen sensorischen Modalitäten erscheint Ihnen am effektivsten, um sehbehinderten Menschen klare und verständliche Navigationsanweisungen zu geben?

B: Wir bauen jetzt zum Beispiel gerade in DLR Neubau GK Gebäude in die öffentlichen Bereiche also sprich wir haben in dem eine Passage und mehrere Konferenz und Besprechungsräume für Schulungen, hier bauen wir eine Induktionsschleife ein in den Boden ,die praktisch mit einer App um zusammenarbeiten kann und die Position sofort kundtun kann damit diese Person praktisch an dieser Stelle laufen kann. Wir können das allerdings auch zum Beispiel für Leute die schwer hören genauso nutzen, dass die dann praktisch hier sozusagen einen Datenpunkt haben wo sie dann ihre ihr Hörgerät praktisch anbinden können ohne, dass es irgendwo anstecken müssen. Wie das funktioniert, werden wir sehen, was wir gebaut haben und wie das im laufenden Betrieb sich bewährt oder auch nicht.

A: Interessant, wie wichtig erachten Sie die Fähigkeit von Rettungssystemen, in Echtzeit auf Veränderungen zu reagieren (z.B. blockierte Fluchtwege, Feuer)?

B: Das ist extrem wichtig und das ist auch eine Achillesferse, ist der Bayerischen Bauordnung ist es jetzt eine Streitfrage ist Brandschutz, bei

Bestandsschutz mit dabei oder nicht. Da gibt es unterschiedliche Auffassungen, ich sage alles kann Bestandsschutz und nicht Verbranntschutz hier geht's zum Retten von Leben. Wir haben eine Riesenaufwand hier, prinzipiell mit Flucht und Rettungswegepläne, dass die Stimmen, wir kommen kaum hinterher, weil alle halben Jahre die Institute ein Lagerraum zum Besprechungsraum machen, oder, oder, oder. Das hat zufolge dadurch, dass wir lauter Sonderbauten haben, müssen wir die Brandschutznachweise nach führen, müssen wir die Flucht und Rettungswegepläne ändern, müssen wir die Feuerwehreinsatzpläne ändern, weil auch die Feuerwehr muss ja wissen ist da noch jemand oder ist das nur ein Lager. Ale diese Sachen zusammen mit Umbaumaßnahmen die dann dazu führen, dass irgendwelche Sammelplätze nicht mehr vorhanden sind, weil da jetzt Container stehen oder wir praktisch gerade neue Häuser bauen die praktisch die Feuerwehrzufahrten blockieren führt dazu dass wir uns einmal im Monat vom jetzt wo wir die heiße Phase haben mit unserem ganzen Neubauten sonst aber mindestens einmal im Quartal mit der Feuerwehr zusammensetzen und die Sachen Durchsprechen und die Feuerwehr vor Ort haben. Damit es die auch Bescheid wissen, wie das Ganze läuft und unsere 2 Brandschutzbeauftragten die wir hier haben auch wissen, wie das läuft. Ist ein sehr hoher auf Abstimmungsaufwand der auch sehr fehleranfällig ist wir haben jetzt hier gerade das Beispiel das uns eine Baufirma 2 Container, 2 Schutt Container einfach auf einem Feuerwehr Anfahrt Zone gestellt haben. Das passiert immer wieder, aber im Ernstfall sind das dann die entscheidenden 30 Minuten die fehlen und das ist gerade, wenn man viel umbaut wie wir, ein großes Thema das sehr viel Ressourcen frisst.

A: Was sind Ihrer Meinung nach den wichtigsten Faktoren, die bei der Entwicklung barrierefreier KI-gesteuerter Apps für sehbehinderte Menschen berücksichtigt werden müssen?

B: Wichtig wäre praktisch eine dauernde Aktualisierung. Die Frage ist nur wie macht man das, weil wir müssen ja wissen wo ist der Flucht und Rettungsweg, was hat sich geändert das müsste ja irgendwo abgespeichert und abgerufen werden können von der KI. Passt das überein mit dem

Brandschutznachweis der vom Landratsamt oder Prüfsachverständigen freigegeben worden ist. Hat sich inzwischen was geändert dass es andere Wege gibt oder andere Nutzungen gibt und ganz wichtig wie funktioniert das mit der Positionierung, wenn ich jetzt in einem Gebäude bin in einem Keller bin dass ich auch ja an der richtigen Stelle bin und das GPS oder das Galileo mir halt auch klar sagt wo ich bin, das sind eigentlich die großen Punkte und ja ich glaube wir werden trotzdem bis das wirklich gut funktioniert immer noch irgendwo Blindenschrift brauchen oder eine Hilfe.

A: Wie könnte die Benutzerfreundlichkeit von Smartphone-Apps für sehbehinderte Menschen in Notsituationen verbessert werden, insbesondere im Hinblick auf intuitive Bedienbarkeit und schnelle Navigation?

B: Ja, hier haben wir wieder das Thema mit uns hier und unserem Beispiel ich krieg das WLAN hier rein, ich krieg, wenn ich draußen bin auch den Satelliten rein, ich darf aber das KI hier nicht bei uns benutzen, weil ich ja damit wieder Daten nach außen sende. Damit habe ich hier so ein bisschen Quadratur des Kreises die KI müsste in sich geschlossen sein und die App müsste halt ein Zertifikat haben, dass sie auch in kritischer Infrastruktur benutzt werden kann und nicht als Spionage Software benutzt werden kann. Ich meine das wäre wirklich wichtig, weil sonst müsste man die App ausschalten oder das wecknehmen. Ja, also das ich sehe, da sehe ich den, denn das Hauptproblem ist in einer Einrichtung wie wir das hier sind. Auch ist die Anpassungsfähigkeit wichtig bei so einer App also wir müssen die individuellen Bedürfnisse des Nutzers eingehen, die Lautstärke muss passen, Vibrationsstärke muss passen, die Größe des Handys muss passen, also ich mein mit dem Tablet braucht keiner rumrennen das wird im Ernstfall nicht gehen. Die Einfachheit ist wichtig wir müssen davon ausgehen der Mensch ist in einem richtigen Stress, der Mensch Weise ist im Nachteil gegenüber den normalen Menschen die da rumlaufen es muss auch dann in solchen Situationen gut bedienbar sein. Sicherlich auch, definitiv der offline betrieb, weil wenn es jetzt sage ich mal in dem Haus brennt kannst auch sagen, dass das WLAN ausfällt was machen wir dann, ja das wäre sicherlich hier ein Thema das man ganz klar bedenken muss.

A: Gut, können Sie Beispiele für Best Practices nennen, bei denen KI oder andere Technologien erfolgreich zur Verbesserung der Barrierefreiheit in Notfallsituationen beigetragen haben?

B: Also, zu KI muss ich leider gestehen habe ich noch kein System, wo ich sehe das es Verbesserungen gebracht hat. KI wird eher bei uns dafür genommen Ideenfindung zu machen und das Internet zu durchforsten was andere gemacht haben. Andere Technologien die zur Verbesserung der Barrierefreiheit beigetragen haben sind akustische Signalgeber für jetzt unsere Sehbehinderten das ist das akustische Signal das unglaublich wichtig ist, wenn man praktisch einen Ton folgt oder Folgen kann. Was ähnlich ist wie zum Beispiel bei Ampel, war ja der Sehbehinderte tatsächlich dem viel besser folgen kann, als wir die sehen können, das ist finde ich ein simples System ein Haus eingebautes System, was diese Leute rausbekommt. Ansonsten ist immer noch die Begleitung oder die Hilfe anderer oder wenn die Einweisung von Ersthelfern für mich immer noch erste Wahl bei Menschen einfach noch immer noch am meisten können wenn ein Ersthelfer weiß wer in dem Haus Probleme hat sei es weil er gehbehindert ist wir haben ganz viele , dann wäre es genauso mit einem Sehbehinderten, wenn wir die hätten so dass wir gehen halt mit raus führt .Wir haben viele Ersthelfer und man kann sich das dann eben für den Notfall aufbauen wir haben auch hier einmal im Jahr immer eine für jedes Haus eine Notfallübung sie wird nicht vorher angekündigt und das sehen wir eigentlich wie das läuft dann wird das überprüft das funktioniert eigentlich ganz gut und tatsächlich den Ernstfall simulieren ist ganz, ganz wichtig vor allem für die Leute die hier dauerhaft arbeiten damit sie einfach mit den Gegebenheiten sich auskennen und ähm hier schaffen dann stressfrei und im Haus zu kompliziert weil eine gewisse Routine entwickeln was im Ernstfall zu tun ist und ja ansonsten für Rollstuhlfahrer gibt es noch das ganze, wir was wir auch machen ist dass wir hier sehr oft einen zweiten baulichen Rettungsweg haben also Beispiel Bauordnung sieht ja vor dass man entweder durch den ersten Rettungsweg das Treppenhaus geht der zweite Rettungsweg das Anleitern ist. Anleitung ist sowohl für Gehbehinderte als auch für Sehbehinderte und eigentlich für alle barrierefrei alle Leute die Barrierefreiheit benötigen keine gute Wahl ,deswegen bemühen wir uns auch immer mit 2 Treppenhäusern 2 bauliche Rettungswege darzustellen und auf das Anleitern hier komplett zu verzichten haben aber nicht ganz geschafft von 45 Häusern und trotzdem 3 noch eine zweite Anleitung die Möglichkeit als zweiten Rettungsweg aber sowas müsste man verhindern und dann immer wieder die Frage des Aufwandes wie viele Behinderte habe ich und wieviel kostet das. Ich krieg das in der freien Wirtschaft mit Sicherheit nicht hin. Für den Bund oder Institute des Bundes bekommen wir das Geld aber es zurück vielleicht auch noch zu allen anderen Sachen es muss preiswert sein und somit ist eigentlich die KI gesteuerte Software-App deutlich preiswerter und deutlich unabhängiger von den Häusern von dem Besitzer des Hauses von finanziellen Verhältnissen und würde somit eigentlich ganz klar helfen. Sehbehinderten in Notsituationen zuverlässig zu helfen, weil wir nicht abhängig von irgendeinem Bauherrn der im Haus was macht oder nicht macht oder nicht mehr machen kann, weil zu wenig Geld hat oder zu steckt der Mitarbeiter hat die eben nicht dieses System entsprechend worden.

P4:

A: Könnten Sie sich bitte kurz vorstellen?

B: Mein Name ist L.N. Ich bin Ende 40, hab Elektroinstallateur gelernt und arbeite in diesem Bereich auch in einer größeren Firma.

A: Wie lange sind Sie bereits in ihrem Fachgebiet tätig und was sind Ihre Hauptaufgaben?

B: Also, wie gesagt, ich bin seit 1993 bei der Freiwilligen Feuerwehr Oberpfaffenhofen. Hab hier meine feuerwehrtechnischen Ausbildungen alle durchlaufen bis hin zum Gruppenführer Lehrgang und bin durch diesen Lehrgang auch öfter bei Einsätzen für die Einsatzleitung oder die Leitung einer Gruppe im Einsatz zuständig. Und wir sind da halt dann auch öfters in großen Gebäuden, in denen die Orientierung ziemlich schwierig ist und auch hier die Feuerwehr dadurch, dass wir Freiwillige Feuerwehr sind auch auf Flucht und Rettungspläne angewiesen sind, die in den Gebäuden aushängen. Die Feuerwehr hat zwar auch zusätzlich ihre Laufkarten für solche Gebäude aber in Notfällen nutzen wir natürlich auch solche Flucht und Rettungspläne, die von den Firmen ausgehängt werden.

A: Welche spezifischen Herausforderungen sehen Sie für sehbehinderte Menschen in Notfallsituationen, insbesondere bei der Orientierung und Evakuierung?

B: Ja, die Probleme was meiner Meinung nach auftreten können in solchen Notsituationen ist für solche Menschen die Orientierungslosigkeit. Wie gesagt die fehlenden Hinweise erschweren eben das Navigieren durch unbekannte Umgebung für solche Leute. Weiter sind natürlich auch die barrierefreien Informationen, oft sind keine klaren akustischen und haptischen Signale vorhanden was dann auch wieder zu Verwirrung, zusätzliche Verwirrung führt für solche Leute, in solchen Situationen. Weiter gibt es eben Hindernisse, die auftreten können in solchen Gebäuden wie Treppen, enge Räume oder überfüllte Bereiche die da halt auch Gefahren für Sehbehinderte Menschen eben gefahren darstellen. Dann kommt's meiner Meinung nach oft vor oder es fehlt auch oft an Unterstützung solcher behinderten Menschen durch geschulte Helfer ähm die eben die Reaktion auf solche Notfälle oder Notsituationen verzögern könnten. Und was meiner Meinung nach nicht nur die sehbehinderten oder behinderten Menschen trifft, auch die der Stressfaktor was in so einer Situation dazu kommt ist es natürlich schwierig für noch schwieriger für behinderte Menschen wie nicht behinderte Menschen was dann eben auch dazu führt dass die behinderten Menschen noch mehr gestresst und verunsichert werden in solchen Situationen und das eben zu einer großen Herausforderung gibt für die Personen.

A: Welche Technologien oder Methoden, insbesondere im Bereich der Künstlichen Intelligenz, sehen Sie als vielversprechend, um die Effizienz von Rettungsplänen für sehbehinderte Menschen zu verbessern?

B: Ja, was meiner Meinung nach gut wäre, wenn die Bild- und Objekterkennung von Kameras genutzt wird, um visuelle Informationen in Echtzeit an akustische und haptische Signale umzuwandeln, durch künstlich Intelligenz gestützte Apps. Navigationssysteme, die die indoor also im Gebäude die Navigation sicherer machen und so in Echtzeit den

Weg oder den Fluchtweg für die behinderten Menschen wie soll ich sagen erleichtern. Dann wäre es natürlich auch gut vielleicht Spracherkennung des intelligenten Assistenten gibt die Notfall Anweisungen geben können in solchen Situationen und vielleicht ähm das maschinelle Lernen was Fluchtwege und automatisch, automatisches Erkennen blockierte Wege zur Umleitung von Personen in Echtzeit analysiert und dadurch der Person halt auch Hilfestellung gibt beim Verlassen oder beim Flüchten aus gefährdeten Bereichen.

A: Welche Rolle spielt die Verwendung von Smartphone-Apps zur Unterstützung sehbehinderter Menschen in Notfallsituationen bereits heute? Welche Potenziale sehen Sie hier für die Zukunft?

B: Ja, aktuell wie gesagt, gibt es ja schon ein paar Bekannte Apps, die in solchen Notfallsituationen die Personen unterstützen können wie zum Beispiel By My Eyes oder dieses Seeing AI auch ist sehr hilfreich für diese Personen die Navigation mit GPS wie zum Beispiel Google Maps mit barrierefreien Routen was ja außerhalb vom Gebäude auch sehr hilfreich sein kann für sehbehinderte Menschen. Potentiale in der näheren Zukunft für die Smartphone Apps sind meiner Meinung nach der Integration von Echtzeitdaten, um Feuermelder oder Evakuierung Hinweise eben zu übermitteln, was auch von Nutzen sein kann, ist Augmented Reality (AI) um akustische und haptische Feedback zu geben. Und automatisch Benachrichtigungen für Notdienste wäre natürlich auch wünschenswert, um schneller Hilfe leisten zu können

A: Welche Kombination aus akustischen, haptischen oder anderen sensorischen Modalitäten erscheint Ihnen am effektivsten, um sehbehinderten Menschen klare und verständliche Navigationsanweisungen zu geben?

B: Ja, also wie gesagt meiner Meinung nach wären der mehrere Möglichkeiten vorhanden zum Beispiel wäre es eben diese akustische ah die akustischen Hinweise ähm wo man eben mit gerichteten Klängen zum Beispiel ,sprich wenn Töne aus einer entsprechenden Richtung kommen an den Weg zum Notausgang hinweist was zum Beispiel vergleichbar wäre wie mit Ampeln im Straßenverkehr an den ja auch akustische Signale vorhanden sind sehbehinderten Menschen die Orientierung zu erleichtern damit die eben diesen Überweg finden. Als nächstes wär die die haptische Methode ähm ein eine Unterstützung dieser Menschen wie zum Beispiel in tragbaren Geräten oder eben auch Smartphones die durch Vibrationsmuster die Richtung und die Distanzen zu den jeweiligen Flucht und Rettungswegen oder diese Rettungswege eben beschreiben oder anleiten oder die Kombination aus beidem akustisch und haptischer ah Methode wäre auch eine Möglichkeit um eben halt diese Missverständnisse ah zu minimieren sprich wenn man die akustische Signale nicht verstanden hat vielleicht was man dann über diese haptischen Signale den Weg findet oder wie gesagt die Kombination aus beiden was halt eben den Menschen helfen soll eben Hindernisse zu erkennen beziehungsweise freie Wege für sich zu finden um die Gefahrensituation schnellstmöglich verlassen zu können. Weiter ist auch noch eine Möglichkeit die Notfallbeleuchtung, die in manchen Gebäuden vorhanden ist, wenn man die mit akustischen Markierungen noch äh kombiniert um somit den Evakuierungsweg zum Beispiel oder den Rettungsweg im entsprechenden Gebäude für sehbehinderte Menschen entsprechend markieren.

A: Wie wichtig erachten Sie die Fähigkeit von Rettungssystemen, in Echtzeit auf Veränderungen zu reagieren (z.B. blockierte Fluchtwege, Feuer)?

B: Also meines Erachtens nach ist es sehr wichtig, dass solche Rettungssysteme in Echtzeit auf Veränderungen reagieren können um eben die äh Gefahrenlage so zu ja wie soll ich sagen also damit die Informationen eben dynamisch angepasst werden auf die Gefahrenlage um das Leben zu retten oder zusichern .Ebenso ist es sehr wichtig Echtzeitdaten sehbehinderten Menschen zukommen zu lassen äh die daneben alternative Wege aufzeigen bevor sie in gefährliche Bereiche geraten und KI gesteuerte Systeme könnten automatisch sichersten Routen berechnen und alternative Signale senden zum Beispiel.

A: Was sind Ihrer Meinung nach den wichtigsten Faktoren, die bei der Entwicklung barrierefreier KI-gesteuerter Apps für sehbehinderte Menschen berücksichtigt werden müssen?

B: Ja. also meiner Meinung nach ist eine intuitive Bedienung sehr wichtig und sollte auch berücksichtigt werden, sprich klare und einfache Benutzeroberfläche wäre sinnvoll. Was auch gut ist robuste Sprachausgabe, die Anweisungen sollten in verschiedenen Sprachen und ohne Verzögerung ausgegeben werden, dann sollten ah soll die Kompatibilität vorhanden sein, sprich dass es auch funktioniert, unabhängig von Netzabdeckung oder in Kombination mit offline Moody's. Das Ganze sollte barrierefrei sein zum Beispiel für Screenreader sollte die Schriftart eben groß gewählt werden und sollte ein Kontrastfrei oder kontrastreiche Oberfläche vorhanden sein. Und was vielleicht auch noch wichtig ist in der heutigen Zeit ist der Datenschutz sensible Nutzerdaten sollten natürlich geschützt werden, insbesondere weil der Standort Freigabe damit halt nicht unbedingt jeder gelockt werden kann.

A: Wie könnte die Benutzerfreundlichkeit von Smartphone-Apps für sehbehinderte Menschen in Notsituationen verbessert werden, insbesondere im Hinblick auf intuitive Bedienbarkeit und schnelle Navigation?

B: Ja, also verbessert werden könnte zum einen die Gestensteuerung, das durch einfache Berührungsgesten erkennen kann in welche Richtung das gehen soll, also wie gesagt die Navigation eben einfacher wird dadurch dann sprach Aktivierung sollte vorhanden sein, um die Apps vollständig durch Sprache zu steuern. Was auch wichtig oder optimiert werden sollte oder was gut wäre es sind diese automatischen Updates, das ähm in Notfallsituationen die veränderten Bedingungen eben in Echtzeit angepasst werden können, das wäre doch automatische Updates ganz praktisch und taktile Rückmeldungen durch klare Vibrationsmuster, um für die Richtung und die Hindernisse eben die richtigen Hinweise zu geben, sollte eben durch solche klaren Vibrationsmuster am aufgezeigt werden demjenigen der die App eben benutzt.

A: Können Sie Beispiele für Best Practices nennen, bei denen KI oder andere Technologien erfolgreich zur Verbesserung der Barrierefreiheit in Notfallsituationen beigetragen haben?

B: Ja, also wie gesagt, ich hab hier zum Beispiel den Wayfinder eine Open Source Navigationslösung für sehbehinderte Menschen die in U-Bahn Stationen mit akustischer Wegführung den Menschen unterstützt. Weiter gibts ja noch diese Echtzeit Video Hilfe Aira die durch menschliche freiwillige Helfer unterstützt von KI Analyse Tools, die behinderten Menschen eben unterstützen soll aber nichtsdestotrotz meiner Meinung nach wäre es sinnvoll eine Kombination aus allen bisher angesprochenen ähm Technologien zur erstellen die dann auch KI unterstützt ist und so eine App entsteht die wo den hilfebedürftigen Menschen in welcher Notfallsituation auch immer zur Seite steht und so die Menschen in einen sicheren Bereich bringen kann und sie eben vor der Gefahr geschützt werden.

P5:

A: Könnten Sie sich bitte kurz vorstellen?

B: Hallo, mein Name ist L.D. Ich bin 50 Jahre alt, geboren in Offenburg zu gereist nach Bayern als ich Teenager war seitdem ich lebe in Bayern habe ich mich für Technik interessiert und bin ausgebildeter Industriemechaniker, Fluggerätmechaniker und durfte in meinem Berufsleben nicht nur als Sicherheitsbeauftragter, sondern auch als Sicherheitsfachkraft Berufserfahrung sammeln. Mit Fluchtplänen habe ich schon länger zu tun und durfte das Wissen hier beim DLR noch ausbauen ist doch jetzt meine Aufgabe. Ja, zu meiner Person ich bin verheiratet, habe 2 Kinder, etliche Tiere zuhause Hunde, Schildkröte und eine Ratte ähm und arbeite sehr gern und kümmere mich um die Sicherheit der Leute das ist meine Hauptaufgabe. Ich wollte, will das Leute in einem Stück zu zurück nach Hause kommen deswegen interessieren mich auch Fluchtpläne sehr.

A: Wie lange sind Sie bereits in ihrem Fachgebiet tätig und was sind Ihre Hauptaufgaben?

B: Meine Hauptaufgabe beim DLR ist Mitarbeiter im Geländeservice. Ich kümmre mich als ein besserer Hausmeister um viele Logistikaufgaben. Schau, dass der Standort in Stand gehalten wird. Die Infrastruktur ist mit eine meiner Aufgaben, außerdem bin ich als Sicherheitsbeauftragter per Vertrag dazu verpflichtet auch für die Sicherheit meiner Mitarbeiter in meiner Abteilung zu sorgen. Ich kümmere mich um die Unterweisung hauptsächlich mache viel Dokumentation auch Gefährdungsbeurteilungen in Verbindung mit meiner Tätigkeit als Mitarbeiter im Geländeservice bringe ich da auch neue Sicherheitsfeatures im Gebäude an, wenn das notwendig ist und leite das dann beispielsweise ans Flächenmanagement weiter damit neue Pläne erstellt werden können. Unter anderem auch Fluchtpläne, äh diese Tätigkeit die ich schon länger aus. Ich habe wie gesagt die Fachkraft für Arbeitssicherheit gelernt 3 Jahre bei der BG ETEM auch dort war ein großer themenpunkt Rettung- und Fluchtpläne. Ich habe im Sondermaschinenbau und in der Automobilindustrie in 2 verschiedenen Unternehmen seit circa 14 Jahren dafür gesorgt, dass dort auch die Fluchtpläne passen und der Realität entsprechen. Was ich auch sehr wichtig finde und befasse mich jetzt länger mit dem Thema und bin auch Erneuerungen sehr interessiert, deswegen hab ich auch gleich zugesagt bei diesem Interview und freue mich dass ich daran teilnehmen darf.

A: Welche spezifischen Herausforderungen sehen Sie für sehbehinderte Menschen in Notfallsituationen, insbesondere bei der Orientierung und Evakuierung?

B: Wie auch andere Menschen sind sehbehinderte Personen bestimmt auch davon betroffen sich in neuen und unbekannten Situationen zurechtzufinden das ist bestimmt eine Herausforderung und natürlich ist es bestimmt oftmals ein Problem das die Notfall Vorbereitungen und Fluchtpläne nicht unbedingt aufs Sehbehinderte zugeschnitten sind. Das keine Audio Hinweise gibt wie man sich aus dem Gebäude bewegen kann in Notfallsituationen. Aus Erfahrung weiß ich auch dass bei plötzlichen Alarmen und ja großen Menschenmengen die dann aus dem Gebäude raus Rennen Verwirrung und Panik auch oft Orientierung erschweren können gerade bei Auditiven Orientierung ist es bestimmt nicht einfach, wenn der Alarm losgeht und die Leute aus dem Gebäude raus rennen wenn man sich dann dazu noch nicht auskennt beziehungsweise eingeschränkte Fähigkeiten hat ist das bestimmt schwierig übermittelte Warnhinweise und

Anweisungen aufzunehmen wenn dann welche überhaupt kommen das hängt natürlich auch davon ab ob es Personen gibt die einen da zeitgerecht Zeitkritisch auf ne Evakuierung aufmerksam machen können beziehungsweise einen unterstützen könnten das ist bestimmt eine Herausforderung eingeschränkte und sehbehinderte Menschen in Notsituationen.

A: Welche Technologien oder Methoden, insbesondere im Bereich der Künstlichen Intelligenz, sehen Sie als vielversprechend, um die Effizienz von Rettungsplänen für sehbehinderte Menschen zu verbessern?

B: Aus Erfahrung weiß ich das aktuelle Pläne durchaus wichtig sind. Ich würde mir für die Zukunft wünschen, dass KI gesteuerte Objekterkennung in Echtzeit übertragen wird und dann ja durch akustische oder haptische Signale den Leuten bereitgestellt wird um aus dem Gebäude raus zu finden. Das ist bei Fluchtplanerstellung durchaus eine Herausforderung die immer aktuell zu sein, wenn das dann noch in Echtzeit übermittelt werden kann und damit den Leuten bereitgestellt werden kann wäre das sehr wünschenswert und ideal um schnellstmöglich aus dem Gebäude raus zu kommen. Natürlich wenn jemand sehbehindert ist macht es dann Sinn, wenn ja das Handy als persönlicher Assistent fungiert und in Notfällen dann situativ Anweisungen geben kann. Ja auch in der Indoor Navigation. Wir haben hier am Standort sehr viele Gebäude es ist sehr unübersichtlich, wenn man sich nicht auskennt, wenn man dazu dann noch nicht sieht wer natürlich eine präzise Position Erkennung super damit man dann auch barrierefreie freie Fluchtwege angezeigt bekommt. In Notfallsituationen es ist oft so dass die Leute unplanbar handeln und dann vielleicht auch was im Fluchtweg drinsteht deswegen wäre das natürlich super wenn so eine KI dann auch in Echtzeit alternative Wege anzeigen kann, wenn Wege blockiert sind ich weiß aus der Logistik das ist manchmal gerade, wenn was umgebaut wird was hier sehr oft passiert dann Wege zugestellt sind und wenn das natürlich in der natürlich von der KI alternative Routen angezeigt werden, beziehungsweise bereitgestellt werden wäre das ideal um den Leuten schnellstmöglich aus dem Gebäude raus zu helfen.

A: Welche Rolle spielt die Verwendung von Smartphone-Apps zur Unterstützung sehbehinderter Menschen in Notfallsituationen bereits heute? Welche Potenziale sehen Sie hier für die Zukunft?

B: Nun, es gibt meines Wissens schon Smartphone Apps wie zum Beispiel Blindsquare oder Seeing AI die bieten schon in gewissem Rahmen eine Navigation zur Orientierung und unterstützen auf dem Smartphone sehbehinderten Menschen aber ich bin mir sicher, dass man das noch verbessern kann. Für die Zukunft sehe ich KI durchaus Potential bereits bestehende Apps eventuell zu kombinieren, vielleicht das Best funktionierenden Features dieser Apps zu nehmen und eben in einer App zu kombinieren damit das Ganze noch genauer gestaltet werden kann. Im Moment lässt sich das technisch bestimmte schwierig umsetzen , aber ich kann mir durch KI durchaus vorstellen dass man das ja punktgenau hinbekommt gewisse Apps gibt es ja schon die ja sehr genau mit GPS arbeiten und genaue Positionierung möglich machen und in Notfallsituationen ist durchaus sinnvoll und lässt sich mit KI bestimmt besser umsetzen daher würde ich mir für die Zukunft wünschen eine App zu kreieren, vielleicht mit Hilfe von KI die eben Orientierung in Notfällen viel genau möglich macht, damit die Leute auch in engen Straßen nicht auf der Hauptstraße geführt werden.

A: Welche Kombination aus akustischen, haptischen oder anderen sensorischen Modalitäten erscheint Ihnen am effektivsten, um sehbehinderten Menschen klare und verständliche Navigationsanweisungen zu geben?

B: Ich kann mir vorstellen das akustische Signale für Richtungsanweisungen wie zum Beispiel an der Ampel gibt es ja schon für sehbehinderte Menschen die Klick Geräusche die darauf hinweisen dass jetzt grün ist zusätzlich noch haptische Signale kenn ich selber von meiner Smartwatch beim Aufwachen fängt leise an beziehungsweise vibriert ganz langsam und je wacher ich werden solltest du stärker vibriert. Sowas könnte ich mir natürlich auch zur Orientierung vorstellen für sehbehinderte Menschen, wenn man das kombinieren kann vielleicht nur mit nicht nur mit

Smartwatches, sondern auch mit Gürteln die dann die Richtung anzeigen fände ich durchaus sinnvoll, wenn sowas kombiniert wird.

A: Wie wichtig erachten Sie die Fähigkeit von Rettungssystemen, in Echtzeit auf Veränderungen zu reagieren (z.B. blockierte Fluchtwege, Feuer)?

B: Extrem wichtig, in Notfällen hat sich in meinem Berufsleben auch gezeigt, dass veränderte Situationen auch für die Helfer sehr schwierig sind. Wenn man auf der Flucht ist vor allem Notfall und ist durch Training vielleicht darauf vorbereitet und es ergibt sich etwas anderes ähm dann gerät man selber in unsicheres Fahrwasser und wenn man dann fast lässliche Hinweise hat und Hinweise bekommt durch automatisierte Überwachungssysteme die dann auf sich verändernde Gefahrensituationen hinweisen und Alternativen aufzeigen ist durchaus sinnvoll.

A: Was sind Ihrer Meinung nach den wichtigsten Faktoren, die bei der Entwicklung barrierefreier KI-gesteuerter Apps für sehbehinderte Menschen berücksichtigt werden müssen?

B: Naja, bei sehbehinderten Menschen ist eine Barrierefreiheit durchaus wichtig das heißt klar und intuitiv müssen Benutzeroberflächen sein. Ja, dass man ohne visuelle Interaktion das Ganze auch nutzen kann. Es muss präzise und zuverlässig funktionieren gerade auch in stressigen und chaotischen Notfallsituationen. Es muss personalisierbar sein, das heißt sie muss dann auch Lautstärke anpassen können oder die Vibrationsstärke das empfindet jeder anders und ja nicht nur bei sehbehinderten bei allen Dingen die neu entwickelt werden macht es immer Sinn auch betroffene Menschen zu involvieren und sehbehinderte Menschen sollten bei der Entwicklung auch interagieren mithelfen in der Testphase.

A: Wie könnte die Benutzerfreundlichkeit von Smartphone-Apps für sehbehinderte Menschen in Notsituationen verbessert werden, insbesondere im Hinblick auf intuitive Bedienbarkeit und schnelle Navigation?

B: Ich könnte mir vorstellen durch Sprachsteuerung es zu ermöglichen, dass eine vollständige Bedienung möglich ist, ohne visuelle Interaktion ähm so wie man es vom Auto fahren kennt mit der Navigation. Das ganze minimalistisch halten ähm aber dafür mit effektiver Funktion. Das Ganze sollte auch offline funktionieren sollte das Internet mal ausfallen, sollte die App auch so funktionieren und die Leute dann aus dem Haus bekommen und das Ganze über mein Notfall Modi Aktivierung spezielle Buttons oder gar automatisierte Aktivierung des Systems sobald einen Alarm im Gebäude losgeht finde ich sinnvoll.

A: Können Sie Beispiele für Best Practices nennen, bei denen KI oder andere Technologien erfolgreich zur Verbesserung der Barrierefreiheit in Notfallsituationen beigetragen haben?

B: Leider hab ich mit KI noch sehr wenige Erfahrung, kann aber durchaus sagen das sogenannte Best Practices, beziehungsweise Leading Practices durchaus zur Verbesserung in Notfallsituationen beitragen können. Sogenanntes Schwarmwissen das man großen Personengruppen zur Verfügung stellt kann man eben anhand von bereits passierten Unfällen beziehungsweise Notfallsituationen für sich selber sogenannte Leading Practices rausziehen und das Ganze bei sich umsetzen um künftige Unfälle oder Notfallsituationen zu verbessern oder gar zu vermeiden.

<u>P6:</u>

A: Könnten Sie sich bitte kurz vorstellen?

B: Hallo, mein Name ist M.P. Ich bin Diplom Ingenieur für Bauwesen, hab an der TU München studiert und wohne im südlichen Bayern.

A: Wie lange sind Sie bereits in ihrem Fachgebiet tätig und was sind Ihre Hauptaufgaben?

B: Ja, ich bin jetzt hier im DLR seit 2011 also seit 14 Jahren tätig und meine Hauptaufgaben und Verantwortungen sind der Betrieb aller Gebäude und Anlagen hier und die kompletten Bautätigkeiten die hier anfallen an 3 Standorten in Oberpfaffenhofen, Augsburg und Weilheim und außerdem bin ich auch für die operative Sicherheit an den Standorten verantwortlich.

A: Welche spezifischen Herausforderungen sehen Sie für sehbehinderte Menschen in Notfallsituationen, insbesondere bei der Orientierung und Evakuierung?

B: Ja, also die Orientierung in Unbekannten und sich schnell verändernden Umgebungen ist sicherlich ein Problem. Schwierigkeiten beim Erkennen von Fluchtwegen und Gefahrenquellen ohne visuelle Hinweise. Der Mangel an akustischen und haptischen Signalen zur Navigation. Zeitdruck in Notfällen der den Zugang zu Informationen und das Treffen von Entscheidungen erschwert, weil es in der Regel zeitlich sehr kritisch ist und die Abhängigkeit von Unterstützung durch andere was in chaotischen Situationen problematisch sein kann und was wir hier durch Räumungshelfer versucht haben zu kompensieren.

A: Welche Technologien oder Methoden, insbesondere im Bereich der Künstlichen Intelligenz, sehen Sie als vielversprechend, um die Effizienz von Rettungsplänen für sehbehinderte Menschen zu verbessern?

B: Also zum Thema künstliche Intelligenz denk ich Echtzeit Datenanalyse Spracherkennung und maschinelles Lernen zur dynamischen Anpassung von Flucht und Rettungswegpläne. Computer Vision zur Identifikation von Barrieren und Orientierungspunkten die sehbehinderten Menschen helfen könnten. Dann Augmented Reality (AR) kombiniert mit Audio Feedback, um Wege zu visualisieren und akustisch anzuleiten oder Geofencing und GPS diese Standortverfolgung in Gebäuden und im Freien.

A: Welche Rolle spielt die Verwendung von Smartphone-Apps zur Unterstützung sehbehinderter Menschen in Notfallsituationen bereits heute? Welche Potenziale sehen Sie hier für die Zukunft?

B: Also der aktuelle Stand im Moment Apps wie BlindSquare nutzen GPS und Audioanweisungen um sehbehinderten Menschen die Navigation zu erleichtern. In Zukunft, denke ich ist die Integration von KI Echtzeit- Updates und Indoor-Navigation also Unterstützung durch akustische und haptische Signale ein Ziel.

A: Welche Kombination aus akustischen, haptischen oder anderen sensorischen Modalitäten erscheint Ihnen am effektivsten, um sehbehinderten Menschen klare und verständliche Navigationsanweisungen zu geben?

B: Also, unter akustisch denke ich sprachansagen und Alarmtöne, die Gefahrenzonen und sichere Routen klar identifizieren. Haptische Signale wäre Vibrationssignale in tragbaren Geräten oder Smartphones, die Richtung anzeigen und alles zusammen in der Multimodalität die gleichzeitige Nutzung von akustischem und haptischem Signal zur Verstärkung der Wahrnehmung und der Redundanz.

A: Wie wichtig erachten Sie die Fähigkeit von Rettungssystemen, in Echtzeit auf Veränderungen zu reagieren (z.B. blockierte Fluchtwege, Feuer)?

B: Also, es ist sehr wichtig, dass das Ganze in Echtzeit stattfindet, weil sich ständig irgendwelche Wege verändern durch Baustellen, durch Hindernisse die vielleicht aufgestellt sind die sich auch ständig verändern, deswegen ist es sehr entscheidend um auf plötzliche Hindernisse wie blockierte Wege oder Feuer reagieren zu können. Echtzeit Systeme ermöglichen außerdem wie Vorschläge und kontinuierlichen Orientierungshilfen und zeigen den kürzesten Weg zum Beispiel zu einem Fluchtweg an das reduziert Stress und Unsicherheit durch aktuelle Informationen für den für die Person.

A: Was sind Ihrer Meinung nach den wichtigsten Faktoren, die bei der Entwicklung barrierefreier KI-gesteuerter Apps für sehbehinderte Menschen berücksichtigt werden müssen?

B: Also, ein Faktor ist sicherlich die Einfachheit des muss sehr einfach zu bedienen sein. Intuitive Benutzeroberflächen mit minimaler Komplexität, dann muss die Zugänglichkeit gewährleistet sein kompatibel mit Screenreadern und anderen Hilfsmitteln ist ganz wichtig. Dann eine Robustheit die auch ohne Internetverbindung oder bei technischen Störungen störungsfrei funktioniert. Und eine Personalisierung Anpassung an individuelle Bedürfnisse zum Beispiel Geschwindigkeiten der Sprachansagen.

A: Wie könnte die Benutzerfreundlichkeit von Smartphone-Apps für sehbehinderte Menschen in Notsituationen verbessert werden, insbesondere im Hinblick auf intuitive Bedienbarkeit und schnelle Navigation?

B: Dabei wäre wichtig, dass es eine Sprachsteuerung gibt die freihändige Bedienung ermöglicht für mehr Flexibilität. Intuitive Navigation, also klare und schnelle Orientierung durch vereinfachte Menüs und zusätzlich ein haptisches Feedback also sofortige Rückmeldung durch Vibration.

A: Können Sie Beispiele für Best Practices nennen, bei denen KI oder andere Technologien erfolgreich zur Verbesserung der Barrierefreiheit in Notfallsituationen beigetragen haben?

B: Ein Beispiel dafür wäre sicherlich das NaviLens-System, das QR Codes mit farbigen Markierungen kombiniert um sehbehinderten Menschen akustische Anweisungen in Echtzeit geben zu können. Und ein weiteres Beispiel wäre die Verwendung von KI was immer mehr kommt in der Zukunft auch noch und sich weiterentwickeln wird zum Beispiel in Be My Eyes einer App die sehbehinderten Menschen und Sehende Freiwilligen verbindet um visuelle Informationen bereitzustellen.

<u>**P7:**</u>

A: Könnten Sie sich bitte kurz vorstellen?

B: Mein Name ist C. A., bin in Gemeinderat in Weßling seit 2008 und seit 2018 Behindertenbeauftragte für unsere Gemeinde und zusätzlich Vorsitzender der Arbeitsgemeinschaft für Behindertenfragen im Landkreis.

A: Welche spezifischen Herausforderungen sehen Sie für sehbehinderte Menschen in Notfallsituationen, insbesondere bei der Orientierung und Evakuierung?

B: Also, Orientierung würde ich sagen brauch ich dann ein Hilfsmittel zur Orientierung so wie wir es besprochen haben. Ich habe eine App mit einer die mich führen kann das heißt dort wo der sichere Weg ist, muss ich eine Ansage bekommen wie komme ich raus. Das ist zur Orientierung. Auch vielleicht noch was ich nicht schlecht finde mit dem akustischen Signal vielleicht auch. Und zu der zweiten Evakuierung wäre, finde ich gut, wenn jetzt die Einsatzleitung weiß, hier hab ich was die Evakuierung oder die Rettung betrifft, die zusätzliche Thematik, Menschen mit Behinderung. Sowohl nicht nur für den Blinden oder Sehbehinderten, sondern eben auch das auch für die anderen Einschränkungen sowas möglich wäre, damit die Einsatzkräfte also gerade auch bei den Rollstuhlfahrer aber natürlich muss er da auch entsprechende Voraussetzungen haben wie bringe ich die sicher heraus.

A: Welche Technologien oder Methoden, insbesondere im Bereich der Künstlichen Intelligenz, sehen Sie als vielversprechend, um die Effizienz von Rettungsplänen für sehbehinderte Menschen zu verbessern?

B: Das eine ist ja ich habe ein Leitsystem, das zweite ist aber das intelligente Leitsystem müsste natürlich die Veränderung der Situation genau da der Fall was sehr schnell pasierena kann, das heißt ich werde geleitet und jetzt ist aber aus irgendeinem Grunde dieser Rettungsweg nicht möglich oder seid ihr zum Beispiel Aufzug geht nicht mehr oder diese Dinge ,das heißt die Intelligenz müsste dann sehr schnell auch so was reagieren und mich äh dann um einen anderen Weg leiten und natürlich muss die die intelligent so ausgeprägt sein, dass wenn ich den falschen Weg gehe, das erkennt hoppla hier bist du verkehrt und gib mir nochmal eine zusätzliche Info, ja gehe in die andere Richtung. Also dieses System muss Situationsabhängig schneller reagieren können.

A: Welche Rolle spielt die Verwendung von Smartphone-Apps zur Unterstützung sehbehinderter Menschen in Notfallsituationen bereits heute? Welche Potenziale sehen Sie hier für die Zukunft?

B: Also gut dann bin ich noch net so ganz so was es KI betrifft, nicht so drin. Was wir bis jetzt haben sind ein Leitsystem die man endsprechend ja auch immer mehr verbessert hat und das ist natürlich das Haupt das Hauptaugenmerk. Die Frage ist natürlich immer das wird auch bei uns gestellt was ist, wenn ich kein Handy habe und darum eben sag ich jetzt hab ich das auch vorher erwähnt immer mit dir akustischen Mitteilung auch, dass müsste sogar eine Intelligenz dann erkennen, hoppla da ist jemand in einer Notsituation. Wie weit ist funktioniert keine Ahnung also ,ich weiß nicht aber jemand erkennt hier ist ein Mensch oder mehrere Menschen im Raum und die muss ich leiten, irgendwie haben die vielleicht kein Handy oder das Handy funktioniert nicht oder was weiß ich was alles aber ich muss ja auch wenn ich wenn ich künstliche Intelligenz dazu benutze das gerettet werden kann oder mich selber rette, muss ich natürlich auch eben diese irgendwie ein wie auch immer geartetes Leitsystem haben das akustisch sagt Vorsicht hier nicht ,ob das möglich ist weiß ich nicht. Aber dass müsste erkennen hier ist ein Lebewesen oder sowas und und der läuft mir direkt ins Verderben das heißt hier müsste eine dann eine, wenn mein sagmal meine Möglichkeiten immer ausreichend, das heißt wenn ich irgendwo hingehen und merke es wird jetzt immer heiser da, dann drehe ich natürlich um, aber dann fängt auch schon die Panik dann massiv an. Ja, also natürlich immer in gerne auch gegeben der die Behinderung hat auch älteren Menschen hab ein ein Smartphone wo ihr eben verschiedenste Arten der Apps aufladen kannst das ist das eine aber es gibt natürlich auch welche die das ablehnen aus welchen Gründen auch immer und auch da muss ich die Rettungssysteme haben die intelligent sind .Ältere Gebäude oder sowas ist schon ne gewisse gewisse Herausforderung da wie löse ich das. Einigermaßen einfach zu Händeln ist aber wir haben gestern zum Beispiel zur Sitzung gerade in alten das Bestandsbauten oder noch schlimmer in historischen Bauten wo zum Beispiel gewisse Rettungswege gar nicht gar nicht möglich sind oder wo auch nichts verändert werden darf, weil halt weil halt aus irgendeinem Grund der diesem Gebäude Denkmalschutz oder sowas ist bei diesem Thema da geht manchmal der Denkmalschutz vor Rettung oder vor Barrierefreiheit, ist leider so bei uns in Deutschland also da sag mal intelligente Systeme zu kreieren das ist ja auch schon eine Herausforderung.

A: Welche Kombination aus akustischen, haptischen oder anderen sensorischen Modalitäten erscheint Ihnen am effektivsten, um sehbehinderten Menschen klare und verständliche Navigationsanweisungen zu geben?

B: Also, wie gesagt, kurz, eindeutig und ähm also muss eine klare Ansage sein das heißt ich brauch einmal eine Rückmeldung zur Distanz und natürlich zur Richtung also das ist dann natürlich und dann natürlich die Dimensionen des rechts, links gerade aus runter ,rauf wie auch immer also das es ist eine in so einem Fall natürlich deutlich und und eindeutig das ist das wichtigste glaub ich. Das nicht irgendwie was mir deutlich geschildert wird wo ich sag ja was was meint er jetzt. Hat man beim Navi zum Beispiel im Auto kennt man ja auch also gibt es schon mal Ansagen den Gott etwas mehrdeutig und das ist natürlich ein so ein Fall denk ich mal das Wichtigste das eine Mehrdeutigkeit ausgeschlossen sein muss. Natürlich wichtig halt auch wahrscheinlich im Notfall ist auch die Wahrnehmung natürlich akustische Wahrnehmung etwas eingeschränkt, also das müsste man dann natürlich auch mit beachten und damit einbauen in so System das das, dass diese Situation keine Alltagssituation ist. Ob das jetzt sagma mal das Gerät schaltet sich automatisch wirklich auch laut ,also mein Handy würde dann in der maximal Lautstärke oder sowas dann auch das rüberbringen, weil ich jetzt auf leise schalten ab oder sonst was, oder dann bin ich da erstmal schauen muss dass der lauter Krieg oder schlecht verstehen aufgrund der fehlenden oder der Geräte Lautstärke das dass wäre halt nicht schlecht wenn das automatisch ging. Sowie bei den also bei den die Katastrophenwarnungen aus Handy gehen, die gehen auch laut und häufig auf maximale Lautstärke gestellt das müsste wahrscheinlich dann sobald die akustische Ausgabe auch so gestaltet sein.

A: Wie wichtig erachten Sie die Fähigkeit von Rettungssystemen, in Echtzeit auf Veränderungen zu reagieren (z.B. blockierte Fluchtwege, Feuer)?

B: Schon, aber das haben wir auch gesagt, das ist natürlich dann die Frage der Rechenleistung und natürlich auch wie schnell die Intelligenz des umsetzt, hoppla ich habe jetzt da diesen Weg angeben und eine Minute später ist aber der schon blockiert und hier muss natürlich in Echtzeit oder sehr schnell eine Umgestaltung des Rettungsweges stattfinden. Das hängt oder ist wahrscheinlich Rechenleistung und natürlich auch wie schnell erkennt ein System die Veränderung. Und das ist bei einem Brandfall sehr schnell möglich, dass sich da eine Veränderung einstellet. Also ich hab ja immer die Kombination, einmal hab ich meinen Leitsystem und im Zweiten dieses Leitsystem wird aber natürlich sofort korrigiert, wenn dieses Leitsystem nicht mehr mich aus dem Gebäude rausbringt. Wenn ich zum Beispiel DLR Gebäude und ich zurück dann geben diese diesen diesen Plan mit aufgeladen das heißt ich habe als erstes Mal den Plan oder gibt er auch den Fluchtwegplan wie auch immer natürlich ist ein Leitsystem auch ohne Brandsituation was Tolles für einen Blinden. Das heißt ich möchte Ihr Büro finden und weiß ich was und werde dort bestens hingeleitet ist ja schon auch ein Vorteil aber ich hab dann im in einem Notfallsituation den Plan aber ich brauche zusätzlich dann nochmal ganz andere Datei oder beziehungsweise ganz andere Rechenleistung der gehe nicht so oder jetzt hat sich was verändert wir haben einen Brand das heißt du musst da oder da oder dahin.

A: Was sind Ihrer Meinung nach den wichtigsten Faktoren, die bei der Entwicklung barrierefreier KI-gesteuerter Apps für sehbehinderte Menschen berücksichtigt werden müssen?

B: Bei der Entwicklung, der entscheidende Punkt ist immer sagma mal die einfache Bedienung es ist immer die Grundvoraussetzung wo man halt immer so ein bisschen egal Wanderung wieviel Information ist nötig und und äh grundsätzlich und aber welche wie viel oder wann ist es zu viel Information. Und ich glaube da muss man immer gucken, dass man einen Mittelweg findet. Ich merke es bei mir wenn ich so ne so ne App hab, wir sind alle verschieden, manche brauchen alle Informationen oder andere halt das nötige. Denke hier könnte man auch mit 2 oder 3 verschiedenen Ebenen. Auch wo ich sage ich möchte Level 1 das reicht mir und Level 2 oder 3 oder sowas ist auch abrufbar aber grundsätzlich habe ich mal ein Level wo ich sage hier in einem Jahr immer gerade in Notfallsituationen oder was können Sie Intelligenz betrifft reicht mir ein ein Level ich hätte aber die Möglichkeit vom ersten 2 oder 3 auch anzusteuern. Oder einzuschalten aber sagama mal ich bin jetzt nicht so der absolute Computerfreak das heißt ich brauch eine für meine Korrespondenz natürlich alles völlig klar. Brauch nicht so wie die Sprachausgabe verständlich und das Wichtigste ist mir immer, dass die die das Programm entwickeln das sind ja immer super Fachleute wie haben aber oft das Problem, dass Sie sagen aus meiner Sicht ist es total schlüssig, aber der Anwender ist ist völlig anders geartet. Wir arbeiten ja mit viel auch mit mit barrierefreien digitalen Dingen zusammen, mit Anbietern und wir merken immer wieder, dass die sagen ja aber das ist doch logisch aber das ist der Entwickler das ist die ITäler und wir sind aber die Amateure und da gibt es oft bei verschiedenen Betrachtungen was ist einfach oder was ist nicht einfach. Und zurück denke ich immer dass die Entwickler und auch bei der künstlichen Intelligenz sollte es genauso sein wie Entwickler daran denken oder oder wie sieht der User des und dann diese ich gesagt dass Planer entwickelte also gerade jetzt wenn ich sage kognitive Einschränkung da ist es nochmal ne Herausforderung für ein kognitiv eingeschränkten Menschen in einer noch dazu schwierigen Situation da ist komm ich mit Logik nicht wirklich weiter sondern da muss ich schauen wo ist die dass das einfache dann des was hilft.

A: Wie könnte die Benutzerfreundlichkeit von Smartphone-Apps für sehbehinderte Menschen in Notsituationen verbessert werden, insbesondere im Hinblick auf intuitive Bedienbarkeit und schnelle Navigation?

B:Also, ich hab natürlich ,um meine berühr Flächen oder sowas die ,wo ich auch sage hier hab ich von mir aus auf der ersten Ebene, ein sagama mal die Flächen genügend groß, weil wenn ich was weiß ich was ich hab jetzt schon meine Hände fangen an zu zittern oder sowas je kleiner die Flächen sind umso schwieriger wird ist das heißt ich ja würde gern wieder sagen soll der Level 1 ,Level 2, Level 3. Habe ich ein eine Möglichkeit oder beziehungsweise ist diese Besonderheit in der oder die Situation der ich grad bin von der Begehbarkeit her wichtig, dass ich dass die Flächen einigermaßen groß ,groß sind. Das ist natürlich auch immer wenn ich ein kleines Handy habe ist es immer schwieriger ,als wenn ich iPad habe, sind bei mir die Fläche natürlich automatisch grösser, aber ich ähm müsste dann schauen dass ich eben Level 1 hab ich auch wieder von mir als Level 2 oder 3 je nachdem aber die die erste Bedingung Stufe muss auch da in der Bedienung sehr einfach sein. Was hast du dahin kannst nur bei IOS ist es relativ gut gemacht aus meiner Sicht mit Android kenn ich mich jetzt nicht so aus, weil ich bis jetzt nur mit seit 8 Jahren halt nur mit Appel IOS arbeite.

A: Können Sie Beispiele für Best Practices nennen, bei denen KI oder andere Technologien erfolgreich zur Verbesserung der Barrierefreiheit in Notfallsituationen beigetragen haben?

B: Also, da kann ich ganz wenig nur dazu sagen, weil wir da was Notfallsituationen erst in der da sind wir erst am Anfang weil wir bis jetzt alles was sag mal Notfall Situationen sind mir bis jetzt völlig im analogen Bereich das heißt wir sind da nicht weiter als eben mit Einsatzkräften zu sprechen die auf die Besonderheiten hinzuweisen und ich denke sicher dass ich schon da gute Systeme gibt aber da müssten wir wahrscheinlich in den nächsten Jahren des auch mal als Thema aufnehmen und da da mal unser bisschen weiter, weiter vorzuwagen. Also wir haben bei uns im Vorstand zum Beispiel ein IT drin ,er ist stark sehbehindert den kann ich mal auch ansetzen weil auf sowas aber wir wie gesagt selber sind da noch im analogen Bereich und auch da noch nicht möglich ja sag mal an der in der Position wo wir sein wollen das heißt wir haben jetzt jetzt mal wirklich KI rausgenommen was Fluchtpläne betrifft sind jetzt hat Einsatzkräfte mit Sicherheit sehr individuell situationsspezifisch handelnd und des ist auch schon kompliziert genug. Wo fange ich an ,wenn ich jetzt nochmal, ich hab jetzt Brandfall und dann hab ich Rollstuhlfahrer da muss ich ihn irgendwie die Treppe runter bringen und so was ich hab hier ist eine ganz ganz schwierige Situation, wer auch Wirkung zuerst und da müsste also wenn es schon so Systeme gibt wo ich sage ok ich habe, kann unterscheiden oder das System kann unterscheiden hier ist jemand der ist körperlich nicht eingeschränkt, er hat auch keine Wahrnehmungseinschränkung den bring ich ja schonmal gut raus, oder der kann sich selber helfen. Das heißt ein System ist dann sicherlich erfolgreich, wenn es auch erkennt ist es gibt da auch jemanden der der diese Mobilität nicht hat und wo ich dann eben sagen was hier, hier kann ich kann ich unterstützen inwieweit ist alles also wie gesagt da bin ich noch net so was wirklich gut. Wäre also theoretisch hätte ich meine hab ich auch Grad gesagt meine Anforderungen ob das alles schon praktisch umsetzbar ist kann ich selber net beurteilen, weil ich da ich möchte nicht so mich da eingearbeitet habe nee, nee auch mal ne Veranstaltung wird, wo man sagt was erwarten Behindertenverbände von Entwicklern diesbezüglich. Aber sie können sich vorstellen, dass wir ein ellenlanges Listen haben von Dingen die wo wir gerade in Deutschland und dass sind wir in Deutschland schlechter als im anderen europäischen Raum was Barrierefreiheit betrifft. Da ist Deutschland ist Entwicklungsland ja jetzt ist das Gott sei Dank ,was heißt Gott sei Dank aber es sind leider unsere Verfassung antreten andere Staaten im EU- Raum und auch USA das ist nicht so wirklich weiter dann viel Zeit einfach auch finanziell ja das ist immer das wir wollen jetzt in Weßling kämpfen wir seit Jahrzehnten das ist wirklich mehr sehen wenn wir sagen 20 Jahre 20 Jahre bei Barrierefreier Bahnhof kriegen wir in den Jahrzehnten auch eigentlich hats geheißen 2025 mir wurde versprochen schon 2018 habe ich mal angefragt habe bei der Bundesbahn und das sind alles diese Dinge die die entsetzlich lang dauern.

P8:

A: Könnten Sie sich bitte kurz vorstellen?

B: Mein Name ist O.K. Ich bin 39 Jahre alt, komme aus der Ukraine aber wohne in Deutschland seit 13 Jahren und bin eine studierte Versorgungstechnik Ingenieurin.

A: Wie lange sind Sie bereits in ihrem Fachgebiet tätig und was sind Ihre Hauptaufgaben?

B: Ich arbeite seit ungefähr 10 Jahren als Projektingenieur in Versorgungstechnik und seit 2023 als Projektleiterin und Betreuung Teamleiterin im Technischen Facility Management bei DLR.

A: Welche spezifischen Herausforderungen sehen Sie für sehbehinderte Menschen in Notfallsituationen, insbesondere bei der Orientierung und Evakuierung?

B: Ich kann ja nur von unserer Sicht das sehen also nicht von betroffenen Personen aber das was schon aufgefallen ist, dass bei Planung von Flucht- und Rettungsweg Plänen und Kennzeichnung von Rettungswegen fehlt irgendwie Planung genau für die behinderten Personen, so dass die Leute die es nicht sehen können dass sie auch die Information bekommen. Dazu kommt noch Stress und eventuell vielleicht Panik in Notfallsituationen. Einige Gebäuden auch bei uns auf dem Gelände sind ziemlich komplex was schon Orientierung Schwierigkeiten bei Menschen ohne Behinderung verursacht, aber für die Menschen mit sehe Behinderung ist das wahrscheinlich also für sie ist das ach so ich kann mir wirklich sehr schwierig vorstellen wie sie sich orientieren können. Und die Personen die als Helfer bei uns benannt werden, die werden größtenteils nicht wirklich geschult sehbehinderte Menschen zu helfen oder sehr eingeschränkt geschult.

A: Welche Technologien oder Methoden, insbesondere im Bereich der Künstlichen Intelligenz, sehen Sie als vielversprechend, um die Effizienz von Rettungsplänen für sehbehinderte Menschen zu verbessern?

B: Also es gibt schon einige Technologien wie zum Beispiel man kann auch schon Smartphone als sehbehinderte Menschen bedienen, mit Spracheingabe und Sprachausgabe mit ähm vielleicht akustischen Signalen. Mit Text to speech Systemen und sowas. Vielleicht kann man das auch für die Effizienz von Rettungsplänen also benutzen diese Systeme auch die automatische Wegführung mit akustischen Signalen und Vibrationen und Spracheingaben und auch Ausgaben. Diesen Systemen sollten auch wahrscheinlich selbst sich selbst lernen können anhand von Verhalten- Analyse von betroffenen Menschen ähm und die müssen auch unbedingt als Echtzeit sein also in Echtzeit funktionieren damit sie rechtzeitig und schnell erkennen und auch reagieren auf stand von Fluchtwegen.

A: Welche Rolle spielt die Verwendung von Smartphone-Apps zur Unterstützung sehbehinderter Menschen in Notfallsituationen bereits heute? Welche Potenziale sehen Sie hier für die Zukunft?

B: Also natürlich die Verwendung von Smartphone Apps ähm die spielen jetzt eine große Rolle denn das Verbessert auch Lebensqualität von diesen Leuten und die erlauben ihnen auch die ganze Technik auch benutzen. Fast also zwar mit Einschränkungen aber fast fast und wie ohne das heißt du kannst jetzt Smartphone auch mit Sprachsteuerung bedienen und Navigation kann auch mit akustisch mit Sprachsteuerung auch früher stattfinden und aber es ist immer noch zu wenig. Und als Potenzial sehe ich die Möglichkeit, dass es Smartphone vielleicht mit Gebäudeplänen vernetzt werden kann auch mit Gebäudesensoren eventuell vielleicht auch für diesen mit Sensoren die könnte ich mir vorstellen vielleicht mit Kennzeichnung von Flucht- und Rettungswegen und anderen andere Informationen auch mit Kupplung mit Rettungsdienst, vielleicht in Notfallsituationen im Gebäude auch gerade arbeiten. Es muss auch auf jeden Fall Anpassung an individuellen Bedürfnissen in der App möglich sein und das Ganze kann ich mir vorstellen, dass also bisher wahrscheinlich muss mit künstlicher Intelligenz auch gesteuert werden von der akustischen Begleitung muss natürlich noch weiter erweitert werden.

A: Welche Kombination aus akustischen, haptischen oder anderen sensorischen Modalitäten erscheint Ihnen am effektivsten, um sehbehinderten Menschen klare und verständliche Navigationsanweisungen zu geben?

B: Also auf jeden Fall muss diese App individuell anpassbar sein, denn es gibt verschiedene sehbehinderten Menschen. Einige haben schon etwas 10%-20% sehen Möglichkeit, andere können gar nichts sehen, also es muss anpassbar sein. Vielleicht kann auch diese App sich weiter anpassen, anhören von verhalten- Analyse von dem Verhalten von Benutzern, von der Kombination also es muss auf jeden Fall eine Möglichkeit sein das sprachlich zu bedienen, also mit Spracheingabe und auch mit Sprache akustische Ready Signalen, Vibrationssignalen ,als mhm alles Wegweiser und ähm es muss auch vielleicht als künstliche Intelligenz mit den Betroffenen kommunizieren können. Also sprachlichen Sicht von ob die Person links nicht in Panik gerät um sie jetzt nicht zu stressig ist ob sie jetzt überhaupt klar denken kann und eventuell vielleicht auch nach Skripten die Person zu beruhigen oder klar mit den Betroffenen zu sprechen so dass er auch die Einweisungen folgen kann.

A: Wie wichtig erachten Sie die Fähigkeit von Rettungssystemen, in Echtzeit auf Veränderungen zu reagieren (z.B. blockierte Fluchtwege, Feuer)?

B: Eigentlich ist es eine von wichtigsten Punkten, denn oft ist es so dass das in Gebäuden um planmäßige Baumaßnahmen stattfinden, dass die Leute die Fluchtwege einfach verstellen ohne dass das jemand erkannt hat und natürlich wenn man einfach nur die Pläne folgt ach so das kann sein dass dann die Person irgendwo in eine Situation steht wo er nicht mehr weiterkommt. Das heißt die Fähigkeit von App in Echtzeit analysieren und Daten erfassen und auch entsprechend reagieren zum Beispiel eine alternative Route vorschlagen. Oder auch vielleicht Kontakt mit Rettungsdienst aufnehmen, wenn man, wenn die Person sich wirklich irgendwie verlaufen hat und nicht mehr weiter findet und vor Panik auch nicht mehr auch nicht mehr ansprechbar ist wäre schon hilfreich.

A: Was sind Ihrer Meinung nach den wichtigsten Faktoren, die bei der Entwicklung barrierefreier KI-gesteuerter Apps für sehbehinderte Menschen berücksichtigt werden müssen?

B: Als erstes die Apps müssen einfach bedienbar sein. Also einfach, intuitiv dass der Mensch sich nicht im Notfall Situation noch überlegen muss was mach ich jetzt. Eventuell müssen sie auch automatisch also sich automatisch einschalten oder aktivieren in Notfallsituationen. Ähm muss auch individuell einstellen oder unter anpassbar an die Bedürfnisse sein muss auch sicher arbeiten das heißt die müssen jetzt nicht von Internet von W-LAN Signal abhängig sein oder Ausfall. Müssen schnelle Reaktionszeiten bieten und was wichtig bei uns ist, ist auch Datenschutz.

A: Wie könnte die Benutzerfreundlichkeit von Smartphone-Apps für sehbehinderte Menschen in Notsituationen verbessert werden, insbesondere im Hinblick auf intuitive Bedienbarkeit und schnelle Navigation?

B: Also über individuelle Anpassung und Anstellungen ,das haben wir schon gesprochen ist auch ganz wichtig auch vielleicht Lernfähigkeit von von Systemen selber durch Analyse von Verhalten von Menschen aber auch vielleicht durch Analyse von ähnliche Situationen die bereits mit anderen Betroffenen stattgefunden haben und dass man diese ganze Daten natürlich anonym sammelt und danach nachträglich analysiert und Probleme zu erkennen und auch Lösungen oder vielleicht verbesserungspotenziale rauszufinden. Wie ich schon gesagt habe diesen Systemen müssen sich automatisch aktivieren können. Äh im Notfall Station auch selber erkennen und ähm auch schnell schnell reagieren können auf auf Veränderungen von von Umgebungssituation. Und ganz gut wäre noch, wenn man als betroffene Person ein Feedback geben könnte zu also zu der App selber was man vielleicht verbessern könnte oder was gefehlt hat.

A: Können Sie Beispiele für Best Practices nennen, bei denen KI oder andere Technologien erfolgreich zur Verbesserung der Barrierefreiheit in Notfallsituationen beigetragen haben?

B: Leider habe ich mich mit der Frage nicht wirklich viel also bis jetzt habe ich nicht wirklich viel damit Erfahrungen gemacht. Und Best Praxis wahrscheinlich wird es auch nicht ähm soweit ich weiß gibt es in also die Möglichkeit schon in Handys ne Sprachsteuerung Funktionen auch Eingaben auch Ausgaben der Sprachsteuerung auch als Text to Speech oder zum Beispiel Text in diese Brailleschrift wie mittels Vibration zu umzuwandeln. Navigation gibt es jetzt auch schon mit Sprachsteuerung und auch mit Vibration- und akustischen Signalen, also ohne auf die Karte schauen muss. Ich kann mir vorstellen, dass es etwas nicht ganz bekannte Evakuierung- Apps gibt mit indoor Navigation, aber ich kann jetzt keine Apps explizit nennen.

P9:

A: Könnten Sie sich bitte kurz vorstellen?

B: Mein Name ist O.P. Ich wohne derzeit in Gilching und arbeite im Deutschen Zentrum für Luft und Raumfahrt als Sicherheitsingenieur .Ich habe 2 Fachrichtungen studiert einmal Nachrichtentechnik und als zweites dann Sicherheitstechnik Arbeitssicherheit bei der Gewerbeaufsicht, bin dort im Fach der Arbeitssicherheit damals bei der Gewerbeaufsicht tätig gewesen und habe dann einige andere Positionen in Unternehmen beziehungsweise im Behörden dann als Sicherheitsingenieur wahrgenommen.

A: Wie lange sind Sie bereits in ihrem Fachgebiet tätig und was sind Ihre Hauptaufgaben?

B: Mit der Arbeitssicherheit habe ich eigentlich mein ganzes Berufsleben schon zu tun gehabt. Während des Studiums und auch während meiner Tätigkeit als Nachrichtentechniker war ich schon Sicherheitsbeauftragter, beziehungsweise verantwortlich teilweise für Fachgebiete im Arbeitsschutz und nach dem Studium der der Sicherheitstechnik bei der Gewerbeaufsicht bin ich jetzt seit gut 15 seit 18 Jahren als Sicherheitsingenieur tätig. Hauptaufgaben sind natürlich in erster Linie die Einhaltung der Arbeitsschutzvorschriften aber auch die Sachen Brandschutz, Umweltschutz gesamte Sicherheitstechnik die dazu gehört die gehören eben auch zu die Arbeitsaufgabenfeldern.

A: Welche spezifischen Herausforderungen sehen Sie für sehbehinderte Menschen in Notfallsituationen, insbesondere bei der Orientierung und Evakuierung?

B:Also, sehbehinderte Menschen stehen oftmals vor Herausforderungen wie fehlender Zugänglichkeit von visuellen Fluchtpläne, mangelnder dynamische Anpassung an Notfallsituation und unzureichende akustischer oder haptischen Signalen .Visuelle Barrieren in Gebäuden sowie unvorhergesehene Hindernisse, wie blockierte Wege oder Rauch erschweren oftmals die sichere Orientierung und Evakuierung . Des Weiteren fehlt es oftmals auch an qualifizierten oder überhaupt an Personal um sehbehinderten Menschen auf die Flucht und Gefahrensituationen vorzubereiten dann spezielle Schulungen für sehbehinderte Menschen für das Verhalten in Gefahr fallen oder in Gefahrensituation dieses aus meiner Sicht derzeit nicht beziehungsweise hab ich noch nicht kennengelernt.

A: Welche Technologien oder Methoden, insbesondere im Bereich der Künstlichen Intelligenz, sehen Sie als vielversprechend, um die Effizienz von Rettungsplänen für sehbehinderte Menschen zu verbessern?

B: KI- gestützte Technologien wie zum Beispiel Maschine Learning oder Convolutional Neural Networks (CNNs) können natürlich zur Echtzeitanalyse von Umgebung und zur Erkennung von Hindernissen genutzt werden. Ergänzend ermöglichen KI- gesteuerte Assistenzsysteme, akustische und haptische Signale zu generieren die sehbehinderten Menschen helfen, sich sicher zu bewegen. Auch die Integration von 5 G- oder 6 G- Technologien für schnelle Datenverarbeitung ist vielversprechend. Kranken Computing in Verbindung mit selbstlernenden KI- gesteuerten Robotern welche die Flucht- und Rettungswege auch in unbekannten Umgebungen erkennt wäre natürlich eine weitere Möglichkeit zum Beispiel sehbehinderten Menschen die Flucht- und Rettung dann eben zu ermöglichen.

A: Welche Rolle spielt die Verwendung von Smartphone-Apps zur Unterstützung sehbehinderter Menschen in Notfallsituationen bereits heute? Welche Potenziale sehen Sie hier für die Zukunft?

B: Derzeit helfen Apps wie Seeing AI und BlindSquare bei der Navigation und Informationsbereitstellung eine wichtige Rolle. In Zukunft könnten diese Apps durch KI -gestützte Echtzeitinteraktion, multimodale Sensorik, akustisch, haptisch oder visuell und dynamische Anpassung an veränderte Bedingungen noch effizienter werden. Io T -Integration könnte es ermöglichen Informationen aus Gebäuden in Echtzeit zu nutzen. Die Umsetzung von Flucht- und Rettungsplänen in App gesteuerte Wegelenkung, wäre ein weiterer Weg um Blinden die Möglichkeit zu geben sicher die Gebäude in Gefahr zu verlassen.

A: Welche Kombination aus akustischen, haptischen oder anderen sensorischen Modalitäten erscheint Ihnen am effektivsten, um sehbehinderten Menschen klare und verständliche Navigationsanweisungen zu geben?

B: Eine Kombination aus akustischen Signalen (z. B. sprachgesteuerte Anweisungen) und haptischen Signalen (z. B. Vibrationshinweise oder taktile Karten) hat sich als effektiv erwiesen. Akustische Anweisungen können allgemeine Orientierung geben, während haptische Signale präzise Wegmarkierungen und Hinderniswarnungen bieten. Geräte wie der WeWalk Smart Cane oder Sunu Band sind Beispiel für erfolgreiche Integration. Die Wahrnehmung von Hindernissen mit denen bereits beschriebenen Signalen wäre ein weiterer Schritt um die Sicherheit von sehbehinderten Menschen bei der Flucht- und Rettung eben zu ermöglichen.

A: Wie wichtig erachten Sie die Fähigkeit von Rettungssystemen, in Echtzeit auf Veränderungen zu reagieren (z.B. blockierte Fluchtwege, Feuer)?

B: Diese Fähigkeit ist essentiell. Echtzeit- Datenverarbeitung ermöglicht es, alternative Routen bei den blockierten Wegen oder anderen Gefahren schnell zu berechnen und an den Betroffenen zu kommunizieren. Technologien wie KI- gestützte Navigation und 5 G können hierbei die Reaktionsgeschwindigkeit und Genauigkeit erheblich verbessern. Also ist ein wirklich extrem wichtiger Bestandteil da es in der Regel immer einen zweiten Flucht und Rettungsweg geben sollte der muss unter Umständen die Fluchtroute schnell an da hingehen muss dieses Flucht schnell angepasst werden falls dieser erste Flucht- und Rettungsweg der Haupt Flucht- und Rettungswege blockiert sein sollte ,dass es immer diese zweite Option und zweite Möglichkeit gibt zur Rettung.

A: Was sind Ihrer Meinung nach den wichtigsten Faktoren, die bei der Entwicklung barrierefreier KI-gesteuerter Apps für sehbehinderte Menschen berücksichtigt werden müssen?

B: Die wesentlichen Faktoren sind, die intuitive Bedienung also einfache Benutzeroberfläche und sprachgesteuerte Navigation. Das zweite ist die Zuverlässigkeit das heißt du musst eigentlich stabile Funktionalität auch in stressigen Situationen möglich sein. Dann die Personalisierbarkeit Anpassung von individuellen Bedürfnissen zum Beispiel Lautstärke oder Vibrationsintensität. Weiterhin ist die Multimodalität die Integration akustische, haptische und visuelle Elemente für ein breites Nutzungsspektrum. Schnell erfassen und umsetzen der jeweiligen neuen Situationen anderes Gebäude neue Flucht und Rettungswege sind natürlich weiterhin auch für diese KI- gesteuerten Apps unbedingt müssen unbedingt vorgehalten werden beziehungsweise ein bisschen berücksichtigt werden.

A: Wie könnte die Benutzerfreundlichkeit von Smartphone-Apps für sehbehinderte Menschen in Notsituationen verbessert werden, insbesondere im Hinblick auf intuitive Bedienbarkeit und schnelle Navigation?

B: Verbesserung könnten durch sprachgesteuerte Eingabe, taktile Benutzeroberflächen und eine automatische Routenanpassung in Echtzeit erreicht werden. Ergänzen könnten vordefinierte Notfallprofile und Offline-Funktionalität für spezielle Sicherheit sorgen.

A: Können Sie Beispiele für Best Practices nennen, bei denen KI oder andere Technologien erfolgreich zur Verbesserung der Barrierefreiheit in Notfallsituationen beigetragen haben?

B: /

ANHANG III: PARAPHRASIERTE EXPERT*INNEN-INTERVIEWS

Interviewpartner*innen	Herausforderungen für Sehbehinderte in Notfällen	Technologische Lösungen zur Verbesserung	Rolle von Smartphone-Apps
P1 - C.H.	Mangel an barrierefreien Notfallinformationen und Orientierungshilfen, soziale Ausgrenzung in Notfällen.	KI-gestützte Objekterkennung und Sprachassistenz für Echtzeit-Navigation.	Derzeit nur begrenzte Außenorientierung, zukünftige Indoor-Navigation notwendig.
P2 - M.K.	Fluchtwege oft nicht für Sehbehinderte konzipiert, fehlende akustische Warnungen und temporäre Barrieren erschweren Orientierung.	Echtzeit-Berechnung von alternativen Fluchtwegen, KI-basierte Sensoren für Gefahrenerkennung.	Echtzeit-Warnsysteme und personalisierte barrierefreie Navigation erforderlich.
P3 - E.G.	Barrierefreiheit wird primär für Rollstuhlfahrer gestaltet, Sehbehinderte oft übersehen, Gebäudehistorie erschwert Anpassung.	Induktionsschleifen und digitale Orientierungshilfen zur verbesserten Navigation.	Kaum Apps in Nutzung, hoher Entwicklungsbedarf für Gebäudeintegration.
P4 - L.N.	Orientierungsprobleme durch fehlende akustische Signale, Hindernisse auf Fluchtwegen, Stress verstärkt Unsicherheit.	Bild- und Objekterkennung zur Umwandlung von visuellen in akustische Signale.	KI-gestützte Navigation und Echtzeit-Updates nötig für effektive Nutzung.
P5 - L.D.	Mangel an akustischen Hinweisen und Helfern, Orientierung in unbekannten Gebäuden problematisch.	KI-gestützte Indoor-Navigation und Echtzeit-Updates von Fluchtwegen.	Smartphones als Assistent mit akustischer Orientierung und Vibration hilfreich.
P6 - M.P.	Unzureichende akustische und haptische Leitsysteme, Zeitdruck bei Evakuierung erhöht Risiko.	Augmented Reality kombiniert mit Audio-Feedback zur Orientierung.	Integration von Gebäudesensoren zur genauen Navigation erforderlich.
P7 - C.A.	Fehlende Assistenzsysteme für Orientierung, Rettungskräfte oft nicht auf Sehbehinderte vorbereitet.	Intelligente Leitsysteme, die sich an dynamische Notfallsituationen anpassen.	Einfache, zuverlässige Bedienbarkeit und automatische Aktivierung im Notfall wichtig.
P8 - O.K.	Fluchtwege nicht für Sehbehinderte markiert, Panik verschärft Orientierungslosigkeit, Helfer nicht geschult.	Vernetzung von Smartphone-Apps mit Gebäudesensoren zur Navigation.	Anpassung an individuelle Bedürfnisse, Verknüpfung mit Gebäudeplänen sinnvoll.
P9 - O.P.	Fehlende dynamische Anpassung von Rettungssystemen, visuelle Barrieren erschweren Flucht.	KI-gestützte Navigation mit Cloud-Datenanalyse für schnellere Evakuierung.	Apps könnten durch Sensorik mit Gebäudetechnik verbunden werden.

Interviewpartner*innen	Sensorische Modalitäten für Navigation	Wichtigkeit von Echtzeit-Reaktion	Entwicklung barrierefreier KI-Apps	Best Practices & existierende Lösungen
P1 - C.H.	Vibrationsmuster zur Richtungsanzeige, Sprachbefehle für klare Anweisungen.	Essentiell für alternative Routenberechnung, um Blockaden zu vermeiden.	Intuitive Steuerung und klare, strukturierte Benutzerführung essenziell.	Google Lookout für Objekterkennung, WeWalk Smart Cane für GPS-Navigation.
P2 - M.K.	Multisensorische Unterstützung mit Sprachansagen und taktilen Signalen.	Erhöhung der Überlebenschancen durch schnelle Anpassung an Gefahrensituationen.	Robustheit und Offline-Funktionalität entscheidend für Notfälle.	Lokale Sender zur barrierefreien Navigation, virtuelle Assistenten mit Umgebungserkennung.
P3 - E.G.	Induktionsschleifen zur Integration mit mobilen Geräten und Hörhilfen.	Erforderlich für kontinuierliche Anpassung der Fluchtwege an bauliche Veränderungen.	Integration mit existierenden Gebäudesystemen notwendig.	Akustische Signalgeber als effektive Lösung in Gebäuden.
P4 - L.N.	Akustische Richtungsanweisungen, Vibration für Entfernungssignale.	Wichtige Funktion, um Gefahren frühzeitig zu erkennen und anzupassen.	Benutzeranpassung für verschiedene Sehfähigkeiten und Stresslevel wichtig.	QR-Code basierte Systeme zur akustischen Wegbeschreibung.
P5 - L.D.	Kombination aus haptischen Gürteln, Smartwatches und akustischer Unterstützung.	Unabdingbar zur Vermeidung von Sackgassen durch dynamische Navigation.	Möglichkeit zur persönlichen Kalibrierung der Signale.	Smartwatch-Vibration und Richtungstöne als Navigationshilfe.
P6 - M.P.	Synchronisierte akustische und haptische Hinweise für eindeutige Wegweisung.	Fehlende Echtzeitreaktion kann Evakuierungen stark verzögern.	Einfachheit und Schnelligkeit der Bedienung oberste Priorität.	Erfolgreiche Implementierung von NaviLens für Blinde.
P7 - C.A.	Automatische Anpassung der Lautstärke in Notfallsituationen.	Kombination aus Echtzeit-Erkennung und menschlicher Unterstützung notwendig.	Automatische Aktivierung im Notfall erforderlich.	Fehlende Best Practices im Notfallbereich, Bedarf an Forschung.
P8 - O.K.	Individuelle Anpassbarkeit von Signalen an Sehfähigkeit der Person.	KI sollte alternative Routen in Sekundenbruchteilen berechnen können.	Sicherheit und Datenschutz müssen gewährleistet sein.	Kombination bestehender Lösungen für eine effektivere Notfallnavigation.
P9 - O.P.	Echtzeit-Interaktion zwischen KI und Betroffenen für optimale Navigation.	Anbindung an Sensoren für Feuer, Rauch und Hindernisse notwendig.	Müssen auch ohne Internetanbindung zuverlässig arbeiten können.	AI-gestützte Evakuierungssysteme für zukünftige Anwendungen denkbar.

Kolibri 360 GmbH
Ferdinand-Jühlke-Straße 7
99095 Erfurt, Deutschland
produktsicherheit@kolibri360.de

Druck:
CPI Druckdienstleistungen GmbH
im Auftrag der
Kolibri 360 GmbH
Ferdinand-Jühlke-Str. 7
99095 Erfurt